家庭服务业规范化服务就业培训指南

中国家庭服务业协会推荐

家政服务工程适用教材

家庭服务员

万梦萍　姜斌　主编

U0899761

中国劳动社会保障出版社

图书在版编目(CIP)数据

家庭服务员/万梦萍，姜斌主编．—北京：中国劳动社会保障出版社，2010
家庭服务业规范化服务就业培训指南
ISBN 978－7－5045－8719－0

Ⅰ．①家…　Ⅱ．①万…②姜…　Ⅲ．①家政学-基本知识　Ⅳ．①TS976.7

中国版本图书馆 CIP 数据核字(2010)第 194592 号

中国劳动社会保障出版社出版发行
（北京市惠新东街1号　邮政编码：100029）
出版人：张梦欣
*
世界知识印刷厂印刷装订　　新华书店经销
787 毫米×1092 毫米　16 开本　11.75 印张　196 千字
2010 年 10 月第 1 版　　2010 年 10 月第 1 次印刷
定价：28.00 元
读者服务部电话：010－64929211/64921644/84643933
发行部电话：010－64961894
出版社网址：http：//www.class.com.cn

版权专有　　侵权必究
举报电话：010－64954652
如有印装差错，请与本社联系调换：010－80497374

家庭服务业规范化服务就业培训指南系列丛书

丛书顾问：

张建纪：中国家庭服务业协会法人、执行会长

刘福合：国务院扶贫办政策法规司司长

丛书专家委员会（排名不分先后）：

黎学清：中国老年事业发展基金会副秘书长

万建龙：江西省就业局局长

李国泰：广西壮族自治区就业局局长

丁建龙：四川省广元市劳动就业服务局局长

石　军：北京市门头沟区妇女联合会主席

滕红琴：北京市门头沟区妇女联合会副主席

李大经：中国家庭服务业协会副会长、北京家政服务协会会长

庞大春：中国家庭服务业协会副会长、北京家政服务协会副会长

胡道林：中国家庭服务业协会副会长、宁波市家庭服务业协会会长、海曙81890服务业协会会长

陈　挺：中国家庭服务业协会副会长、广东省家庭服务业协会会长

李春山：中国家庭服务业协会副会长、吉林省家庭服务业协会会长

杨志文：中国家庭服务业协会副会长、陕西省家庭服务业协会会长

沈　强：中国家庭服务业协会副会长、吉林农业大学人文学院院长、家政学系教授

黄学英：山东中医药高等专科学校护理系主任、教授

郭建国：中华育婴协会会长

董蕴丹：辽宁省家庭服务业协会会长

陈　华：湖北省家庭服务业协会会长

周珏民：上海家庭服务业行业协会副会长

曹　阳：辽宁省家庭服务业协会秘书长

卢震坤：深圳市家庭服务业协会秘书长

谢　敏：深圳市深职训职业培训学校校长

夏　君：全国服务标准技术委员会家庭服务工作组委员

本书编写人员：

主编：万梦萍　　姜　斌

参编：（排名不分先后）

滕红琴	匡仲潇	张　曼	万映桃	向春丽
刘权萱	蔡定梅	孙丽平	马秀华	马德翠
杨　丽	段青民	杨冬琼	柳景章	曹　阳
卢震坤	谢　敏	黄　河	林友进	林红艺
段利荣	段水华	陈　丽	贺才为	滕宝红
吴定兵	马丽平	高培群	郑本宝	朱　霖

序

就业压力大是我国经济社会发展的一个长期问题，据不完全统计，2009年全国待就业人口超过4 000万人，其中约60%为“4050”下岗失业人员、农村富余劳动力。家庭服务业作为劳动密集型行业，对从业人员的文化水平要求相对较低，是安置上述群体就业的重要领域。截至2008年底，我国城镇居民人均收入已超过2 000美元，正进入家庭服务需求旺盛期，家政服务业吸纳就业的空间广阔。

人力资源和社会保障部农民工工作司司长汪志洪在宁夏银川召开的全国发展家庭服务业促进就业部际联席会议上说，“我国的家庭服务业已经成为服务业中一个规模庞大并具有极大发展潜力的重要领域”，然而，由于接受培训的人员供给不足、服务不规范以及缺乏必要的政策引导，家庭服务业吸纳就业的潜力尚未得到充分发挥。所以，从2009年开始，商务部、财政部、全国总工会联合，以促进弱势群体就业、缓解当前就业压力，满足人民群众日益增长的生活服务需求，解决家庭小型化、人口老龄化带来的社会问题为出发点，从作为改善民生、增加就业、扩大内需的一项紧迫而又长期的工作的高度，实施了“家政服务工程”，运用财政资金支持开展家政服务人员培训、供需对接、从业保障等工作。其目标是通过实施技能培训等措施，每年扶持一批城镇下岗人员、农民工从事家政服务，逐步形成规范、安全、便利的家政服务体系。2010年，国务院农民办将联合上述部门继续深化和发展“家政服务工程”，家庭服务业将得到空前发展。

大力发展家庭服务业不仅可以缓解就业压力，调整经济结构，促进经济平稳较快增长，而且可以满足人们日益增长的生活服务需求。当前我国工业化、城镇化和市场化建设加速发展，既是发展家庭服务业促进就业工作的最佳机遇期，也

将是困难重重的问题凸现期。这就需要我们从事家庭服务业促进就业工作的决策者、管理者、企业经营者解放思想，开动脑筋，发挥集体的智慧，积极探索行业发展规律，改进和创新工作方法，从行业发展、管理服务、技能培训、促进就业等多个环节入手，系统总结和推广各地的好经验和好做法，通过积极探索和改革创新，提升从业人员就业素质和技能水平，提升行业管理水平，走出一条符合中国实际的家庭服务业发展道路。

目前，“家庭服务业规范化服务就业培训指南”系列教材第一套八本已经编写完成，由中国劳动社会保障出版社出版。这是一套很好的技能提升培训教材，也是一套实用的就业指导丛书。它紧扣家庭服务业行业标准，以提升从业人员服务水平、专业技能为目的，贴近广大从业人员的实际需求，通俗易懂，操作性强。在本套“家庭服务业规范化服务就业培训指南”正式出版之际，我诚心向家庭服务行业的同行们、家庭服务理论研究工作者和广大家庭服务从业人员推荐这套书，愿它为政策研究、家庭服务工作发挥更大的作用。

中国家庭服务业协会法人、执行会长

目录

第一章 家庭服务员岗位要求

第二章 安全与卫生常识

第三章 操持家务

第五章　家庭护理

第一章

家庭服务员岗位要求

本章学习目标：

1. 了解家庭服务工作的主要内容。
2. 了解从事家庭服务工作的心理要求。
3. 了解家庭服务员职业守则。
4. 掌握家庭服务的工作注意事项。
5. 掌握基本的仪表、仪态及礼貌礼仪。

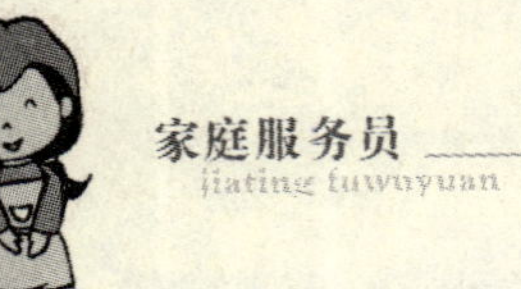

第一节　家庭服务员岗位认知

家庭服务员是进入雇主家庭根据合同约定提供服务的人员。从事的工作包括为所服务的家庭操持家务，照顾儿童、老人、病人，以及按照雇主要求管理家庭有关事务等。

一、家庭服务工作主要内容

（一）制作家庭餐

（1）根据雇主家庭的口味制定食谱，做好一日三餐的烹饪工作。

（2）根据家庭不同成员，如幼儿、老人、孕妇和患有不同疾病的人的营养需要，以及季节的变化，有针对性地搭配食物。

（3）保证食品卫生。针对各种食物的不同清洗方法，严格按要求操作。做好食品的储存和保管工作，准确鉴别变质食品。

（4）用餐完毕及时清洁整理厨房和炊具、餐具。

（二）家居保洁

1．厨房卫生

（1）炊具卫生：对各种炊具可能沾染的污垢、油垢、烟垢进行有效的清除。

（2）燃气操作：了解各种燃气灶的正确使用方法，防止燃气泄漏。

（3）下水道去味：保持下水道清洁卫生，清除异味，保证下水道畅通。

（4）纱窗、墙面清洁：掌握纱窗和瓷砖墙面上沾染污垢、油垢的清除方法，要经常保持洁净卫生。

2．居室卫生

（1）居室除味：保证室内空气流通，消除香烟、垃圾、鞋袜、油漆、霉变等产生的异味。

（2）居室除虫：消除蚊蝇、蟑螂、蚂蚁及老鼠。

(3)居室打扫：针对卧室、客厅及卫生间等不同环境，进行正确有效的清洁工作。

3.衣物卫生

(1)衣物洗涤：针对不同质地的衣料采用正确的洗涤方法，掌握清除各种污迹方法。了解内衣的卫生、洗涤要求。

(2)衣物保养：针对毛纺织物、丝绸、棉布、皮革等不同材料衣物采取合理的保养措施。

(3)衣物熨烫：根据衣物质地材料，正确运用熨烫方法。

(4)其他用品：懂得各种材料制作的领带、鞋袜、手套、帽子的清洗和保养。

4.家居设施的清洗与保养

(1)地毯、地板、地砖和大理石的清洗与去垢。

(2)墙板、瓷砖、壁纸的清洗与去污。

(3)窗帘、床上用品的清洁与保养。

(4)木制或其他材料家具的清洁与保养。

(5)灯具、门窗的清洁与保养。

(三)采购日常生活用品

帮助雇主采购一些日常生活日用品，如烟、酒、茶、糖、饮料、食品、洗衣粉、洗洁精、洗发水等。

(四)看护孩子、照顾老人

1.看护孩子

(1)保证孩子人身安全。

(2)婴幼儿食品的制作及人工喂食。

(3)婴幼儿患病期间的看护，掌握药品的识别与用药。

(4)学前儿童的看护，照顾儿童的饮食、睡眠、玩耍等。

(5)接孩子上下学，保证饮食，督促完成家庭作业。

2.照顾老人

(1)保证老人人身安全。

(2)照顾老人锻炼和休息，安排好他们的饮食。

(3)帮助老人打理日常生活，照料洗漱起居。

(4)护理生活不能自理的老人，保持清洁卫生。

(5)护理患病老人，帮助他们服药和适量活动。

(五)护理孕、产妇及新生儿

1.护理孕妇

(1)根据孕妇的饮食需要，制作适合的孕妇餐，即做好孕妇饮食营养护理。

(2)护理孕妇洗浴。

(3)预防、护理孕妇的常见症状和疾病。

(4)帮助孕妇正确用药。

2.护理产妇

(1)掌握产妇的营养饮食需要，做好产妇的饮食护理。

(2)根据产妇哺乳期的身体特点护理常见疾病。

(3)产妇缺乳的护理。

(4)指导产妇做产后形体恢复体操等，帮助产妇尽快恢复身材。

3.护理新生儿

(1)了解新生儿的生理特点，进行科学合理的日常护理。

(2)为新生儿喂哺与喂药。

(3)新生儿常见疾病的护理，如肺炎、脐炎、红臀等。

(4)早产儿的科学护理。

(六)护理病人

1.病人的日常护理

(1)病人的饮食、服药、洗浴及户外活动等的护理。

(2)预防病人发生褥疮、关节变形等。

(3)为病人进行口腔护理，预防呼吸道感染。

(4)陪伴病人并维护病人的心理健康。

2.常见疾病的护理

掌握常见疾病，如感冒、急性胃炎、糖尿病、癫痫、肝硬化等疾病的护理方法。

二、家庭服务员的职业等级

根据我国家庭服务业的发展情况，家庭服务员分为初级、中级、高级三个等级。(《国家职业标准——家政服务员》中，家政服务员也为初级、中级、高级三个等级)

初级家庭服务员要求会做一些简单的家庭餐，能够收拾家务，照料孕产妇、婴幼儿、老年人，护理病人等；中级家庭服务员(也称管家)除日常家务外，还须能够替雇主管理生活起居，包括提供咨询、家教、营养配餐等相关服务；高级家庭服务员(也称高级管家)要求会使用家庭办公设备，有些甚至还可以帮雇主进行生产经营管理和投资理财活动。

第二节　家庭服务员从业心理准备

心理准备是指从业人员正确认识所从事的职业，端正对所从事职业的态度。从业人员应积极调整心态，正确认识无论从事何种职业，都是按劳取酬的正当劳动者，所以，都受到社会的尊重，也都应该努力做好。

一、心态决定成败

能否做好家庭服务工作并不完全取决于工作技能的完善与否，而在很大程度上取决于你有没有一种良好的工作心态。只有在心理上真正接受、热爱这份工作才能把它做好，而且能够真正地作为职业稳定地从事下去。好的心态可以帮你应付工作中的突发情况，度过难关，更能让你愉快地工作。对同一件事，不同的心态会产生截然不同的后果。

有两位家庭服务员同一时间进入雇主家服务，遭遇同一件事：雇主指责她们做的饭菜不合口味。其中一位很不服气，认为自己辛辛苦苦做了半天没有功劳也

有苦劳，凭什么指责我，从而产生抵触情绪，并把这种情绪带到工作中，结果工作越做越差，越来越不能让雇主户满意，最终只能离开；而另一位却积极地反省自己失误在哪里，态度真诚地与雇主沟通，了解其饮食习惯，并在以后的工作中及时改进，结果得到客户的谅解和支持，工作也越做越顺，越做越好，薪水自然也提高了。

有的人认为自己已经选择了家庭服务工作，自然是已经做好了心理准备，其实不然。

有一位参加过高级家庭服务员培训且学习成绩很出色的服务员，在第一天上岗的时候就有很痛苦的感受。她在做居室清洁工作时，先把房间打扫得很干净，然后擦木地板。擦木地板的要求是跪在地板上擦，在培训时并不觉得跪在地板上这一动作有伤尊严，然而，那天的情形是雇主正坐在沙发上看电视，她则要跪在雇主面前擦地板，因此觉得自尊心受到很大伤害。她拿着工具站在那里犹豫了好久，后来想通了，她告诉自己跪下去是为了更好地完成工作而不是向谁屈服。

所以，只有时刻保持良好的心态，才能更好地去做好工作。

二、家庭服务员的心理要求

家庭服务员应具备良好的心理素质和较强的心理承受能力，为人处世宽容大度。具体应做好下述心理准备：

(一)正确认识自己

要深刻理解家庭服务工作的性质和特点，无论自己来自农村，还是在城镇下岗失业，就业是最主要的目的。要充分认识就业的重要性，通过自己的劳动增加收入是光荣的事情，至少可以自食其力，还可以提高家庭生活质量，因此，应把将从事家庭服务工作作为自己人生的新起点。

(二)接受雇主的甄选

在就业时参加面试是必须经历的过程，所以必须面对雇主审视的目光，当面

回答雇主的各种提问。对此，家庭服务员要做好充分的思想准备，坦然面对雇主，并通过自己的言谈举止展示自己的精神风貌和工作实力，为雇主留下良好印象，为成功就业赢得加分。

（三）对工资有合理的预期

家庭服务员应该有清醒的认识，不要对工资收入有过高的预期。要对自己的个人条件和工作实力有全面的分析和评价，了解自己的优势与特长，根据就业所在地的实际情况，在工资上做出符合实际的定位，做出最佳选择。

三、树立正确的职业心态

（一）正确认识家庭服务员职业

随着社会经济的发展，社会分工必将进一步细化，家庭服务业的兴起和壮大在我国具有战略意义，必将朝着职业化、产业化、专业化的方向发展。因此，家庭服务业越来越受到社会各界的广泛重视，家庭服务员也会越来越得到社会的尊重。

（二）克服世俗观念和自卑心理

中国有几千年的封建历史，在许多人的潜意识里还残存着封建的等级观念，认为从事家庭服务工作就是低人一等，更看不起从事家庭服务的人。实际上，当今社会职业只是用来区分工作的标志，人们从事的职业虽然不同，但都是在为社会做贡献，只是工作的对象不同而已。所以，家庭服务员要抬起头来，以和雇主平等的态度去工作，关键是提高自己的综合实力，才能更得到雇主的尊重。

（三）客观评价自我

人贵有自知之明，从事任何职业都要实事求是地看待自己，量力而行，既不能好高骛远，也不必妄自菲薄。对自己的优势不夸大也不缩小，要充分发挥自身优势，积极为择业创造条件。同时要客观地看到自身的劣势和缺点，主动反省，以积极的态度去避免或改变劣势，克服缺点，努力变劣势为优势。

（四）要有明确的职业定位

家庭服务员是一个特殊的职业，她们作为非家庭成员进入到一个家庭中，承

担着这个家庭的某些职责(如操持家务、照料婴幼儿等)，作为职业人员，努力完成合同规定的服务内容是职责所在。家庭服务员要把雇主的家务工作当作自己的事去做，但是不可能承担起雇主家庭管理的全部责任。要掌握好分寸，做到尽职尽责，服务有度，工作中主动征求雇主意见，及时接受他们的指导。

第三节　家庭服务员职业道德

职业道德是指从业人员在职业活动中应遵循的行为准则，是对从业人员在履行职业责任过程中的特殊道德要求，其基本规范是：爱岗敬业，诚实守信，办事公道，服务群众，奉献社会。这是对各行各业从业人员的共同要求。由于职业道德与职业活动是紧密联系在一起的，因而不要的职业也有其自身的职业道德要求。

一、家庭服务员要自觉践行职业道德

家庭服务员从进入所服务的家庭起，就开始了自己的职业活动。在履行职业责任的过程中，要严格按照职业道德要求规范自己的行为，自觉践行职业道德。

(一) 进入家庭，了解家庭，做家庭文明建设的参与者

家庭服务员进入雇主家庭，虽不是其家庭成员，但与这个家庭一起生活，又类似家庭成员。因此，要细心了解这个家庭，实践家庭美德的要求，积极参与文明家庭建设。

(二) 尊重和关心家庭成员，建立良好的人际关系

处理好同雇主家庭的人际关系，是做好家庭服务工作的关键，也是家庭服务员道德修养和职业素质的体现。家庭服务员要尊重和关心所服务家庭的每个成员，热情友好，忠厚本分，通过自己的诚实劳动和良好品质赢得雇主家庭成员的信任。

（三）掌握家庭特点，做好服务工作

职业道德同履行职业责任是紧密联系的。家庭服务工作以满足家庭生活需要为核心，所以家庭服务员要掌握雇主家庭的需求特点，尊重雇主家庭成员的生活习惯，尽心尽力做好各项服务工作，展现出自觉主动的工作精神。

二、家庭服务员职业守则

家庭服务员的职业守则是家庭服务员在职业岗位上的具体的行为规范，每位家庭服务员都要身体力行、自觉遵守。

（一）遵纪守法，维护社会公德

1. 遵纪守法

遵纪守法是公民应尽的责任与义务。在我国社会主义社会中，道德和法律虽然是两种不同的社会规范，但它们在本质上是一致的，都是为社会主义事业服务，它们之间有着紧密的联系，相互作用，相互渗透，相辅相成。社会主义法律在培养人们的社会主义职业道德中具有重要的作用，而社会主义法律本身也体现着包括职业道德在内的社会主义道德的精神，是培养和推进职业道德的有力武器。所以，遵纪守法是一切公民及从事任何职业的劳动者都必须具备的基本行为规范。

2. 维护社会公德

社会公德是所有社会成员在公共生活领域中应遵循的基本道德规范。《中华人民共和国宪法》明确规定：“国家提倡爱祖国、爱人民、爱劳动、爱科学、爱社会主义的公德”。“五爱”精神和以为人民服务为核心的集体主义原则是我国社会主义社会公德的基本内容。家庭服务员要自觉地遵守社会公德，并且要加以维护。

（二）发扬“四自”精神

“四自”指的是“自尊、自爱、自立、自强”。从事家庭服务员职业的绝大多数是妇女，因此在家庭服务过程中认真贯彻“四自”精神十分重要。“四自”精神号召妇女要由依赖走向自立，由自卑走向自信，由软弱走向自强，由自轻走向自尊。在家庭服务员的职业守则中强调“自爱”，就是要求家庭服务员在为雇主家庭服务时，既要尊重雇主，完成需完成的任务，同时也要学会保护自己，不做不能做也

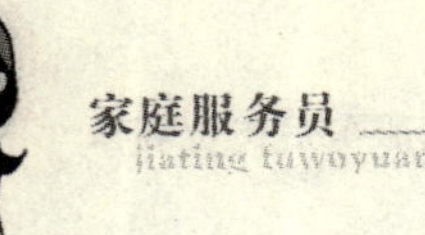

不应当做的事情。

家庭服务员需要用“四自”精神武装自己。在工作中应特别注意解决以下两方面的问题。

1．克服心理劣势，走出观念误区

家庭服务员应加强学习，转变观念，提高自身素质，努力适应改革和发展的新要求，自立自强，在求生存中谋发展。从事家庭服务工作的妇女，首先要改变进入家庭为家庭服务是低人一等和家务事谁都能干的心理。要看到家庭服务员这一职业并不是一件简单的工作，它不仅需要有较高的道德品质、文化素质，而且要有较丰富的知识和操持家事的技能技巧。

2．要改变文化知识不足的劣势，参与市场竞争，在优势行业中发挥更大作用

在市场经济中竞争是实力的竞争。家庭服务行业是一个新兴行业，广大妇女在这一行业中有着一定的优势，所以应当变自卑为自信，充分发挥自己的潜力和优势。必须加强学习和培训，要在干中学，在学中干，努力提高自己的素质，成为家庭服务行业中的行家里手。

（三）文明礼貌，守时守信

1．讲文明、讲礼貌

讲文明、讲礼貌是文明执业的问题。文明执业是社会主义职业道德的必然要求，也是职业发展的客观需要。文明执业主要体现在从业人员的优质服务及促进人们之间的关系更加和谐、协调、公平、公正上。家庭服务员职业的重要特点是：与服务对象之间有比其他职业更加密切的关系，这种服务具有直接性。而家庭关系又是一种特殊的社会关系，一些人口多的家庭，其家庭内部关系比较复杂。家庭服务员进入雇主家庭后，虽然身在这个家庭中，又不完全是这个家庭的成员，因此，文明执业更加重要。要讲文明、讲礼貌，正确地对待雇主家庭中的每一个人，无论是小孩还是老人，还是家庭成员的朋友或亲戚，在为他们服务时都要一视同仁、以诚相待。

2．守时守信

守时守信是的一种优良品质。具有这种优良品质的人，会给人一种靠得住、信得过的感觉，人们也就愿意把需要办的事情委托给他。家庭服务员的工作是同人打交道的工作，只有具备这种品质，才能成为家庭中可靠、可信的人。

（四）勤奋好学，精益求精

家庭服务要求的技能十分全面，即使经过专业培训的家庭服务员也很难做到面面俱到，因此很多新上岗的服务员往往觉得自己的技能水平不够，自信心不足，其实，只要你怀有强烈的服务意识就可以弥补技能上的不足。

勤奋好学，精益求精，这也是家庭服务员必须具备的优良品质。在雇主家庭中无论是对家事管理，还是洗衣、做饭，都需要大量的知识和技术技能。家庭中聘请家庭服务员的目的是希望不断提高家庭生活质量，因此家庭服务员只有勤奋好学，才能掌握管理家庭事务的知识，学到为家庭生活服务的技术技能。而提高家庭生活质量的需求是在不断发展的，要适应这些需求的发展就必须精益求精。

（五）尊重雇主，忠厚诚实，不涉家私

1．尊重雇主

家庭服务员自进入雇主家庭开始，就要同家庭中的每个成员打交道。要与雇主家庭建立起良好的人际关系首先要尊重雇主。家庭是千姿百态的，每个家庭都具有个性化，所以对家庭服务员服务的需求也是多种多样的。家庭服务员是为满足家庭生活的需求才进入雇主家庭，因而必须尊重这个家庭的各种习惯，并尽力满足各种需求，以完成好自己的任务。

2．忠厚诚实

热情和蔼，忠诚本分实际上是劳动态度问题。劳动态度是职业道德的集中表现，在家庭服务员进入家庭之后，你的态度和蔼可亲，对待雇主家庭成员热情友好，对自己的服务工作尽心尽力，忠诚本分，你的工作就可以得到雇主的认可，取得雇主的信任。

3．不涉家私

从事家庭服务工作，必须得到雇主家庭的信任，但是家庭服务员一定要尊重雇主家庭和家庭成员的隐私权。家庭服务员对家庭中不应知道的事，要做到不闻不问，当家中只有自己时，也不应出于好奇心而随意翻找。遇到雇主家庭内部发生矛盾时，不要主动参与，更不能偏袒一方或说三道四，需要劝解时也只能适可而止。

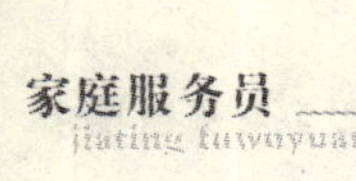

三、家庭服务工作注意事项

家务劳动虽然较为复杂，但只要科学、合理地安排每日的工作，就会感到轻松自如，而不会感觉家务劳动无从入手。做家务劳动首先要熟悉其工作的范围，而后逐步学习家务劳动的技巧，掌握家务劳动的科学性，高效、高质、省时、省力是做好家务劳动的基本要求。

(一)家庭服务员的工作原则

家庭服务员在工作时应掌握以下几条原则：

(1)工作早安排、巧计划。每周、每日、每时要做哪些事，先干什么、再干什么，如何干，都要有统一安排。

(2)见缝插针、避免空劳。工作应井然有序，物品摆放位置要清楚，避免临时乱抓。工作时应追合理配合，如可一边煮饭一边择菜，一边扫地一边整理，从而达到省时、高效、省力。

(3)分清主次、繁简、急缓，劳逸结合。做到先繁后简、先急后缓、先主后次，有劳有逸，提高时效。

(4)主动协商、争取合作。做事要主动、多和雇主商量，听取意见和建议，搞好协作。

(二)初到雇主家应注意的事项

(1)应了解并牢记雇主的家庭住址及周围与服务相关的场所和服务时间。

(2)应了解所服务家庭成员的关系和有紧急事务时应找的人的电话和地址。

(3)应了解雇主对服务工作的要求和注意事项。

(4)应了解所照看的老人、病人、小孩的生活习惯、脾气。

(5)应了解所服务家庭成员的性格、爱好，工作、生活习惯与时间安排，饭菜口味及家庭必要物品的摆放位置。

(6)需了解的事要多问，但雇主家庭成员互相议论的事不参与、不传活。

(7)吃饭时要吃饱，切忌背着雇主东抓西拿。

(8)不领外人到雇主家中，不要进门就打电话，即使有必要接听和拨打电话时，通话时间也要尽量短。

(9)做错了事情要如实讲述，以后要注意改正。

(三)家庭服务一般工作要求

(1)尊重雇主的生活习惯，懂得作息起居，保持生活环境的安静。不要在雇主睡后和未起床时大声喧哗，做事时尽量避免发出声响影响雇主休息。

(2)尊重雇主的饮食习惯，按雇主的要求合理搭配菜肴，并正确理解是否同时同桌进餐。不要固执己见，应善意地理解并懂得友好合作。

(3)要有良好的生活习惯，合理使用家庭卫生设施，按区域进行洗、梳、理。吃饭时少说话，与人说话保持距离，不许勾肩搭背，清除口中异物及吐痰应去洗手间。

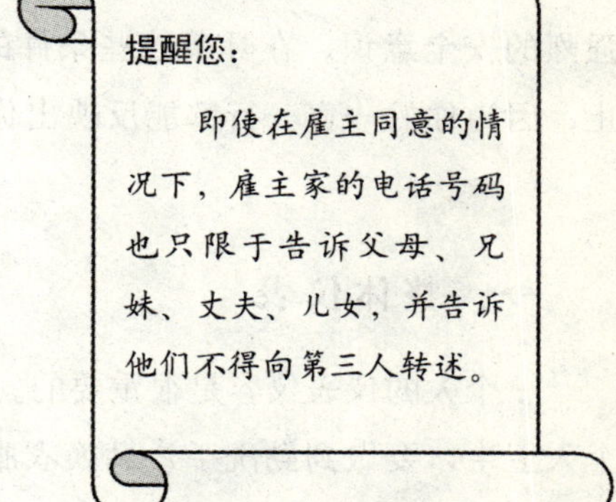

提醒您：

即使在雇主同意的情况下，雇主家的电话号码也只限于告诉父母、兄妹、丈夫、儿女，并告诉他们不得向第三人转述。

(4)经手账目清楚，不得虚假。

(5)讲礼节、懂分寸、诚实做人，做到雇主在与不在一个样。未得到雇主允许不要私自使用家庭电话，或将电话号码告诉他人，给雇主带来不必要的干扰。

(6)爱护雇主的各类日用物品，并按合理的方法保管。不要在未得到允许的情况下为我所用，更不得将其占为己有。

(7)与雇主友好相处，在得到雇主允许时方可休息或请假。不要擅自做主，更不可顶撞雇主。决不能赌气出走。

(8)提高安全意识，杜绝各种事故的发生，懂得一般安全、交通常规。不要违反交通规则，学会用备忘录记事，熟知前往方向与返回时的乘车线路。

(9)牢记和会使用几个应急电话号码：报警电话“110”、火警电话“119”、急救电话“120”、交通事故电话“122”，并牢记所在区域内的物业报修电话、煤气抢修电话，及雇主的电话，并能冷静地处理相关事情。不要遇事慌张，应该理智、沉着、合理地通知和配合有关部门处理好相关事宜。

(10)要时刻提醒自己安全使用各种电器及煤气用具，做好“四防”(防水、防电、防盗、防事故)工作。不要松懈警惕，要保持清醒头脑，善于处理突发事情。

第四节　家庭服务员的礼仪要求

作为一名合格的家庭服务员，必须具备良好的工作心态、过硬的工作技能、强烈的安全意识。在具备这些条件的同时，也要注重自己的仪表仪容、言谈举止，因为你的一言一行都能反映出你的素质和为人。

一、整体仪表

一个人的仪表仪容是很重要的。作为一个合格的服务员，首先要搞好自己的个人卫生，要做到勤洗手、勤换衣服。

有一个44岁的家庭服务员，从家乡来到某家政公司时只穿了一双拖鞋。由于当时公司业务繁忙，服务员供不应求，所以她还来不及接受培训就参加了面试。当她被带到应聘室，雇主将她上下大量一番就打发她离开了。原来，雇主看见这位服务员的脚趾甲又长又脏，就直接拒绝了。随后公司对她进行了礼仪礼节和专业培训，特别提醒她注意自己的个人卫生。当她再次同雇主见面的时候很快就被聘用了，而且一直在这个雇主家做得很满意。

所以说，一定要注意自己的仪表，具体要求是：

(1)面部清洁，经常梳洗头发，不要有头皮屑，发型大方，不要使用气味浓烈的发乳或香水。

(2)可化淡妆，不要浓妆艳抹，不染重彩指(趾)甲，不穿过分裸露、透露、紧身、艳丽的衣服。穿裙装者裙子下摆不宜高过膝盖。

(3)注意随时洗手，经常洗澡，指甲和脚趾甲应保持短而洁，经常更换内衣。

(4)要保持鞋面光亮整洁。

(5)饭后漱口，保持口腔清洁，无异味。

(6)保持微笑，表情和蔼可亲。

二、体态礼仪

(一)站姿

站立应挺直、舒展，要给人一种端正、庄重的感觉。不要歪脖、斜腰、屈腿、扭动，不要斜靠门边、墙边。

(二)坐姿

入座时动作应轻而缓，不可随意拖拉椅凳，身体不要前后左右摆动。应并膝或小腿交叉端坐。双腿不宜敞开过大，不可翘起“二郎腿”或抖动双腿。

(三)走姿

与雇主或长者一起行走时，应让雇主或长者走在前面，并排而行时，请让他们走在里侧。不要将双手插入裤袋或反背于背后行走。

(四)目光

目光要温和，忌讳歪目斜视。

(五)手势

家庭服务员应该避免的几种错误手势：

(1)指指点点。在工作之中，不要用手指对着别人指指点点。

(2)随意摆手。不要随便向对方摆手。这些动作是拒绝别人或极不耐烦之意。

(3)端起双臂。端起双臂这一姿势，往往代表傲慢或看别人笑话。

(4)摆弄手指。反复摆弄自己的手指，有对别人不尊重之意。

(5)手插口袋。有心不在焉的感觉。

(6)搔首弄姿。令人觉得不正经。

(7)抚摸身体。不可当众搔头、挖鼻、剔牙、抓痒、搓泥、抠脚。

三、礼貌礼仪

家庭服务员在雇主家服务时应注意以下礼貌礼仪：

(1)客人到来时，要主动为客人让座，主动为客人提物，为客人准备好拖鞋，并主动为客人沏茶(茶沏七分满)。客人离去时，要主动为客人开门欢送。

(2)客人或雇主讲话时要用心聆听，不可插嘴、抢话，不得与客人或雇主争论，强词夺理。

(3)切忌在他人或食物前打喷嚏、咳嗽，口中有异物及吐痰应去洗手间。使用洗手间时务必将门反锁以免发生误会，用过的卫生巾要用纸包起投进垃圾袋内，用过厕所切莫忘记冲洗及洗手。

(4)不得穿睡衣及较外露的衣服在客厅走动。不要在厨房、客厅梳头，吃饭时应少说话，与人说话应保持80厘米以上的礼貌距离。

家庭服务员小王比较漂亮，她到一个雇主家服务，干活很利索、勤快，深得雇主一家的喜欢，可有一天却被辞退了。原来，小王爱穿短裙和暴露的衣服。有一天，女主人发现小王穿着吊带衣服在拖地，弯腰之时，一些部位明显暴露出来。女主人觉得家里有老公、儿子，这样不方便，也没有安全感。

(5)要给雇主及家人更多的私人空间：雇主家人在谈话、看电视时，要主动回避。

(6)不要参与雇主家庭成员的议论，不要相互传闲话。要尊重雇主的家庭隐私，雇主家的任何家庭事情不得告诉他人。

(7)如雇主要求服务员入席就餐，必须将所有餐务工作做完方可就餐。与雇主家庭成员外出同台就餐时，不得抢占主宾位。如有小孩，应主动照顾小孩。菜肴上台时，不能首先品尝。

(8)有事需要进入雇主主卧室，要先敲门或向雇主请示方可进入，整理雇主的衣物和床铺时，一定要先洗手。出去时要轻轻地带上门。

(9)要学会礼貌用语，如：您好，谢谢，再见，不客气，没关系，请，等等。对雇主家庭成员，女性可称呼：小姐，太太，阿姨；男性可称呼：先生，叔叔，大伯等，不可直呼其名。

本章习题：

1. 简述作为家庭服务员应具备哪些职业心态。
2. 请用细节描述如何文明执业。
3. “四自”精神指什么？

4. 家庭服务员在工作时应掌握哪些原则?

5. 初到雇主家应注意什么?

6. 应急电话号码有哪些?

7. 哪些手势在工作和生活中应该避免?

8. 家庭服务员的仪表要求有哪些?

9. 简要描述在雇主家服务时应注意的礼貌礼仪。

第二章

安全与卫生常识

本章学习目标：

1. 提高安全作业意识，正确认识和懂得如何家庭防火。
2. 提高自我保护意识，正确分析工作过程发生的各类事件。

第一节 家庭火灾预防与应急处理

隐患险于明火，防范胜于救灾，责任重于泰山。只要人们具有较强的消防安全意识，掌握一些基本的防火、灭火常识，大多数火灾都是可以避免的。作为家庭服务人员，对于安全常识的了解是必修课。

一、日常生活中的防火学问

在人们的日常生活中，常常由于用火、用电不慎，酿成火灾，造成灾难。因此我们在日常工作中，必须注意防范这类火灾。在厨房生火做饭时，要特别小心谨慎，因为厨房是动用明火较多的地方，稍有不慎，极易引发火灾。

（一）安全使用煤气、液化气

煤气、液化气具有易燃易爆的特点，它们和空气混合形成的爆炸性混合气体，极易爆炸燃烧。因此，在使用煤气、液化气时必须做到以下几点：

(1)要看管好，做到点火后不离人。防止火焰意外熄灭而造成煤气、液化气泄漏。

(2)不用时一定要关闭气源。防止漏气，发生火灾、爆炸事故。

(3)不存放可燃物。煤气灶旁严禁存放汽油、煤油等易燃液体和木柴、纸盒等可燃物，液化气瓶要远离火源、热源，钢瓶严禁卧放，严禁随意倾倒液化气残液。

(4)发现燃气泄漏，要迅速关闭气源阀门，打开门窗通风，千万不要触动电器开关和使用明火，并通知专业维修人员来修理。

提醒您：

检查燃气漏气，可用软毛刷或牙刷蘸肥皂水涂抹管道和灶具，凡肥皂水涂抹之处有气泡泛起的部位便是漏气处。

(二)看好厨房中的油锅

某新村一家女业主程某刚将油锅放在点燃的煤气灶上，听到电话响了，立即去接电话，并在电话中与人聊得高兴就忘记了时间。由于锅内食油加热时间太长，导致火起，滚滚浓烟从厨房窗户里冒出，幸亏众邻居纷纷拎来自家备用的灭火器，齐心协力才将火扑灭。

油锅起火的事件在生活中是常有的，而且发生的频率很高，因此，必须引起足够重视。那么，如何看好厨房中的油锅呢？

(1)加热油锅时一定要在旁看管，不要长时间远离去做其他事。

(2)在炉灶上煨炖食物时，汤不要装得太满，以防止因汤水沸腾时溢出锅外，熄灭灶火，造成漏气或起火。

(3)在做饭、烧汤时，如果要接打电话或去菜场或与人聊天，一定要先关掉灶火，否则一旦起火，后悔莫及。

提醒您：

当食油在锅内被加热到450℃左右时，就会发生自燃，因此，油锅不可加热时间太长，以防自燃。

(三)家中寻物忌用明火照明

从明火危害的特征来看，只要它与低燃点的可燃物稍一接触，就能立时引发燃烧。家庭中的棉被、服装、报纸、书籍以及塑料制品等，都属于明火作用下一触即发的可燃物。在这样的环境中千万不要使用明火(如点着蜡烛)寻物。

需要指出的是，平时在雇主家里有用来驱蚊的蚊香，也是明火的一种。在点蚊香的时候，一定要注意远离窗帘和床被等可燃物。

(四)阳台、走道不要堆杂物

阳台虽是住房建筑的一部分，却和防火有着密切的关系。如果住房失火，楼梯和过道又被烟火封闭时，人们可利用阳台暂避，等待救援。楼下着火时，阳台还可阻挡火焰从窗口向上蔓延。所以，一定要清除干净阳台上的杂物。

二、家庭用电中的火灾预防

(一)电视机火灾的预防

电视机是最常用的家用电器，现在许多家庭都有一二台甚至多台，也是容易发生起火爆炸的电器之一。

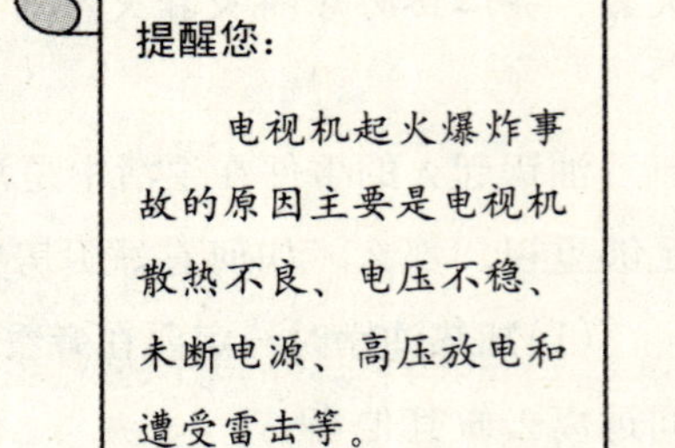

其防火要点为：

(1)正确摆放电视机，保证良好的通风散热环境。

(2)收看电视时间不宜过长，一般连续收看5～6小时后应关机一段时间，待机内热量散发后再继续收看，高温季节尤其要注意。

(3)看完电视后不要忘记拔下插头，或关掉电源，以免变压器长时间过电发热引起事故。

(4)雷雨天最好不看电视，打雷时一度在掉电源。

(5)看电视时，如有以下情况，应立即关掉电机，然后请专业人员检查修理：

✓闻到有股刺鼻的臭味。

✓荧光屏上的图像突然消失。

✓有雪花状的亮点在闪烁。

✓发出耀眼的白炽光。

(二)电热炊具火灾的预防

电热炊具带来的火灾隐患不容忽视，比如用电热水壶烧水，水开后溢出，很容易造成电器短路起火。电热杯、电热锅、微波炉等，这些电热炊具的共同特点是功率特别大，热得快，使用不当很容易造成危险。防火要点：

1.电水壶

(1)使用时要先将电水壶内注入适量水，然后再接通电源，用完后则要先切断电源后才能倾倒电水壶中的水。

(2)不能在电水壶工作时长时间离人，要随时留意。

(3)停电和用完后要及时切断电源。

2.电饭煲

（1）使用电饭煲要保持内胆底部和电热板之间清洁干净，不能附有水点、尘埃、饭粒、杂物等。

（2）不能同时与其他电器共用一条线路。

3.微波炉

（1）不要空炉开启电源使用。因为灶内无食物时，空烧会使微波管烧坏。

（2）微波炉要放置在离变压器等磁性物较远的地方。

（3）微波炉门关闭一定要严实，以防微波泄漏，发生事故。

（4）使用时如发现事故，一定要先切断电源。

（三）电熨斗引起火灾的预防

（1）在熨烫衣物的间隙要把电熨斗竖立放置，或者放在专用的电熨斗架上，千万不要把电熨斗放在可燃、易燃物品上。

（2）在使用中应注意控制电熨斗的温度，保证电熨斗温度适宜，发现过热应及时拔下电源插头。

（3）电熨斗用完后，应及时将电源切断，待底板温度降至用手摸不感觉热时，方可将其放在干燥处保存，切勿受潮，以免降低绝缘性能。

提醒您：

据测试，将一只300瓦电熨斗通电20分钟，其表面温度可达320℃，足以使棉、麻、毛、丝、纺织物起火。

（四）突然停电可能引起火灾的预防

在日常生活中常常会遭遇突然停电，有时突然停电会给我们带来意想不到的灾难性后果。

一天晚上，某小区一女业主正在使用电吹风，突然停电，她便放下电吹风到邻居家聊天去了。过了几个小时恢复通电时，由于电吹风开关没有关，一通电便处于工作状态。电吹风渐渐地引燃了桌上的可燃物，并迅速地蔓延，等到大家发现慌忙将火扑灭后，大量财产已化为灰烬。

防火要点：

（1）家庭应安装断电保护器。断电保护器能在正常通电情况下遇到突然停电时自动切断电路，防止突然来电后因电流过强损坏电气线路和家用电器。

(2)发现停电，一定要及时切断电源总闸和关掉电器开关。

三、家庭火灾应急常识

(1)发现着火要首先通知雇主，征得雇主同意后迅速打火警电话“119”，并讲清火灾发生地点或住处。

(2)一旦发生火苗要迅速采取办法及时灭火。如用家中毛毯、被子等物罩住火焰再浇水扑打。

(3)若室内某物品着火，应尽快将它移到室外灭火。

(4)炒菜时如油多火大，锅内会起火，不必慌乱，直接盖上锅盖即可，以防火势扩大。千万别用水浇油，也不可以用手去端油锅，以防止热油爆溅、灼烧伤人和扩大火势。如果油火撒在灶具上或地面上，可以用砂土盖上，或用泡沫灭火器、干粉灭火器扑灭，还可以用湿棉被、湿毛毯等捂盖灭火。

油锅着火不能用水灭

油锅着火赶紧用锅盖盖住

(5)家用电器着火，要先切断电源，设法用毛毯、棉被覆盖灭火，作用不明显时再用水浇。用水扑救一定要在断电情况下进行，防止因水导电而造成触电伤亡事故。

(6)洗衣机失火占家用电器火灾之最，重在防患于未然，不仅要将洗衣机放置

在通风良好处，更要经常细查电源引线及接地线的磨损老化程度。

电器着火用灭火器灭火，千万不能用水

(7)电视机着火时，人要站在电视侧后方，以防显像管爆裂伤人。

(8)煤气、液化气灶着火要先关闭阀门，就近用厨房衣物浸水后盖住，然后浇水扑打。若可能要先将液化气罐及时移到安全地点。

用湿棉被捂盖灭火

(9)人身上衣物着火时可就地打滚，其他人可帮助用水灭火。

(10)救火时门窗要慢开，以防风助火势。

(11)若所在建筑物火警钟响，应通知屋内人员立即离开。切勿使用电梯，利用紧急楼梯逃生。

身体着火时，可就地打滚，旁边的人可帮助用水灭火

相关知识：

拨打“119”报警的具体方法

征得雇主同意后报警：

1.拨通“119”号码。

2.电话通了以后，将火灾发生的地点(详细地址)、时间、火势情况及发生火灾地方的周围环境等做简要的说明，例如：“这里是某某区某某花园某某栋某某号。”

3.如果知道是由什么引起的火灾及主要燃烧物，火灾现场及周围有无易燃、易爆、有毒等危险品，也最好说明。例如：“某某物体(房屋、垃圾堆等) 着火了。”

起火了要拨“119”

4.说明火灾现场能否进大车(通往火灾现场的道路情况)。

5.说出自己的姓名、性别、年龄、住址、联系电话。

6.待对方挂断电话，你再挂机。

四、灭火器的使用方法

灭火器是一种轻便的灭火工具，它可以用于扑救初起火灾，控制火灾蔓延。不同种类的灭火器，适用于不同物质的火灾，其结构和使用方法也各不相同。灭火器的种类较多，常用的主要有：泡沫灭火器、二氧化碳灭火器、干粉灭火器和1211灭火器。不同灭火器适宜扑救的火灾如下表所示：

不同灭火器的适用范围

序号	种类	适用范围
1	干粉灭火器	适于扑灭液体、气体、电气火灾(干粉有5万伏以上的电绝缘性能)。有的还能扑救固体火灾。不能扑救轻金属燃烧的火灾
2	二氧化碳灭火器	它不导电，适于扑救贵重仪器设备、档案资料、计算机室内火灾，也适于扑救带电的低压电器设备和油类火灾，但不可用它扑救钾、钠、镁、铝等金属燃烧的火灾
3	1211灭火器	适用于扑救精密仪器、电子设备、文物档案资料火灾
4	泡沫灭火器	最适于扑救液体火灾，不能扑救水溶性可燃、易燃液体的火灾(如醇、酯、醚、酮等物质)和电器火灾

目前家庭使用的主要是干粉灭火器，以下简要介绍其用法：

使用时先拔掉保险销(有的是拉起拉环)，再按下压把，干粉即可喷出。

灭火器

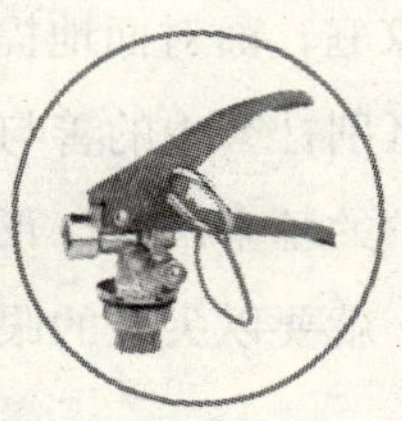

灭火器拉环

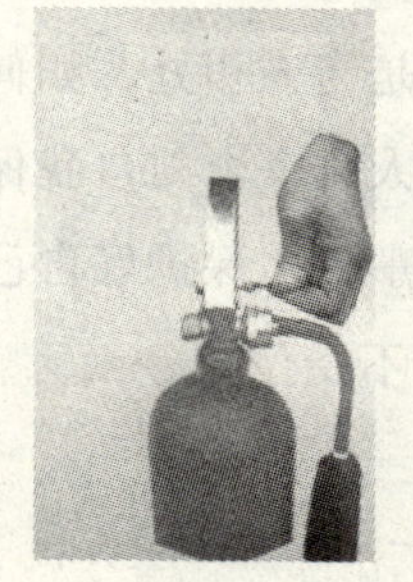

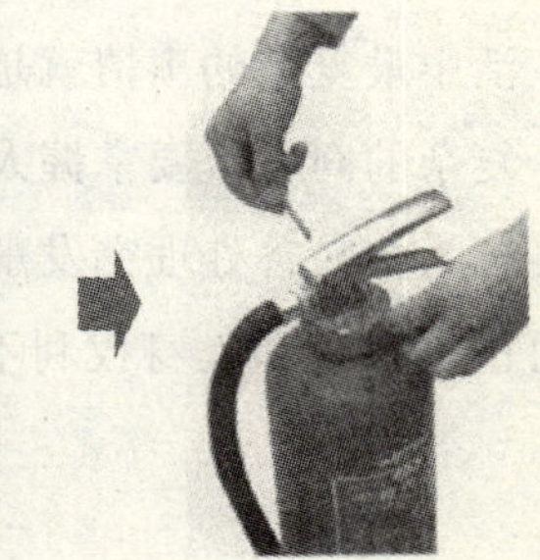

除掉封铅

干粉喷射时间短，喷射前要选择好喷射目标，灭火时要接近火焰喷射。由于干粉容易飘散，不宜逆风喷射。

灭火后，把灭火器卧放地上，喷嘴朝下。

灭火

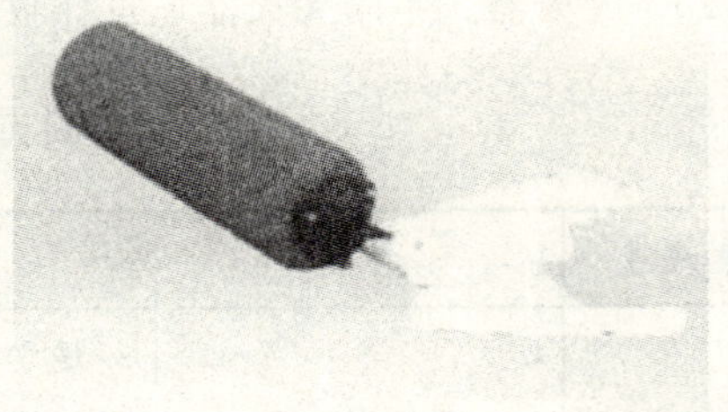

灭火后灭火器喷嘴朝下

注意保养灭火器，要放在好取、干燥、通风处。每年要检查两次干粉是否结块，如有接块要及时更换；每年检查一次药剂重量，若少于规定的重量或看压力表如气压不足，应及时充装。

第二节　人身安全与自我保护

家庭服务员的职业要求她要走进雇主家庭，面对面地提供零距离服务。社会生活中最复杂的事情就是与人相处，如何区别社会中的善与恶、美与丑，更是一个复杂的问题。要掌握人身安全与自我保护的基本常识，正确面对日常生活的不良行为，妥善处理突发事件，保护好自己，就要以尖锐的眼光进行辨别，以保护自己的尊严和人身权利不受侵犯。

一、社交安全常识

(一)常见不良行为及处理

(1)有人对你甜言蜜语，特别是不认识的老乡，不要轻易相信，防止上当受骗。

(2)有人过分奉承你聪明伶俐、漂亮美貌，你千万不能得意忘形。

(3)在公共场所，不相识的人与你乱拉关系，不要轻易与人交谈，有素不相识的人热情为你介绍工作、搭话等，千万不要相信。

(4)不要贪小便宜，防止落入圈套(如掉包计、麻醉抢劫、诈骗、拐卖等)。

(5)不在雇主家和家政公司以外的地方住宿，凡事要三思而后行。

(6)经常寻找机会与你单独相处，一边用美言迷惑你，一边以类似爱抚的动作抚摸你身体的某一部分，此时你要倍加小心，想法躲开。

(7)用下流的言行挑逗你、诱惑你看黄色出版物，要严词拒绝。

(8)采用恐怖等手段逼你服从于他，一旦出现这类现象，这往往是他们最后的行动征兆，要保持小心，不要怕他。

> **提醒您：**
>
> 如有人施以小恩小惠，如化妆品、新潮服装，偏袒你的明显过失，给你与你劳动不相符的高额报酬，以此来获得你的好感，这时要提高警惕。

(二)如何对付性骚扰

1.性骚扰的形式

性骚扰是一种违反道德规范的违背接受者意愿的有性意味的言论和行为。性骚扰形式多种多样：

(1)半夜三更打电话给女性，说些下流话。

(2)在家庭中伺机对女性动手动脚。

(3)在公共场所故意触碰女性的身体、进行违反妇女意愿的抚摸。

(4)偷看女性更衣、洗澡。

2.怎样避免性骚扰

(1)家庭服务员要避免性骚扰，首先要自尊、自强、自重、自立。作为女性，

不必为名利而失去做人的尊严。

(2)在着装时要朴素、大方，不可过紧、过短，尽量不要袒胸露背。

(3)言行举止要稳重端庄。有时候女性自己举止轻佻或言语随便，也会导致男性想入非非。

3.怎样对付性骚扰

对于男人的性骚扰，你可以采取以下诸种行为：

(1)衡量处境，别把自己推入险境。比如在夜晚、在小巷深处，你应该做的是赶快逃离。

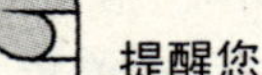

提醒您：

有许多女子在受到性骚扰时，恐惧心理占了上风，羞羞答答，不敢声张，这样反而会助长侵犯者的嚣张气焰。

(2)晓之以理，动之以情，提醒对方也有母亲、姐妹。他也许会不安，至少令他下次侵犯别的女人时有所顾虑。

(3)制造场面，吸引众人注意。例如大声指责，这样做可令侵犯者处于众目睽睽之下，无地自容。

(4)以其人之道，还治其人之身。

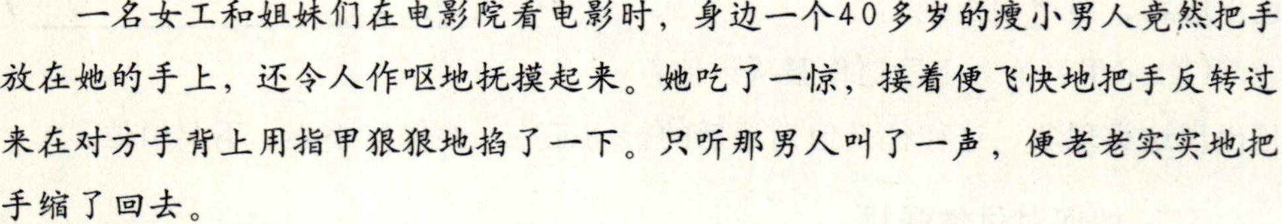

一名女工和姐妹们在电影院看电影时，身边一个40多岁的瘦小男人竟然把手放在她的手上，还令人作呕地抚摸起来。她吃了一惊，接着便飞快地把手反转过来在对方手背上用指甲狠狠地掐了一下。只听那男人叫了一声，便老老实实地把手缩了回去。

(5)顾左右而言他。如果被人用下流话调戏，就假装看表，然后说出时间，令对方不明所以，接不下话来。因为故意误解对方说话，会使调戏者的满足感大打折扣。

(6)有一些挑逗性的骚扰，是不良分子对你的一种试探，看你如何反应。你的沉默胆怯，只会令他得寸进尺。应该用简明的回答来表明自己的态度，甚至也不妨指责他几句，让他知道你是什么人。

(7)求助于法律也是个办法。我国法律对于严重的性骚扰即流氓行为，目前仍沿用《刑法》第160条的规定：“侮辱妇女或者进行其他流氓活动者，处七年以下有期徒刑、拘役或者管制”；情节较轻的则沿用《治安管理处罚条例》第19条的规定处

罚，处15日以下拘留，200元以下罚款或者警告；更轻的则由组织和单位给予处分。

（三）识别并应对坏人

1.怎样识别坏人

大千社会，芸芸众生，一些不法分子随时都在寻找机会，向弱势的妇女儿童进攻。他们外表都是正常人模样，谁的脑门上都没写上“坏人”的字样。在我们与别人接触来往的时候，往往并不了解对方到底是什么样人或者有什么专长和本领，在这种情况下，我们怎样识别谁是居心叵测的人，谁是真正的朋友呢？以下提两点建议供参考。

(1)观察法。在交往中，你要留心观察他的眼神。怀有不轨心理的人，其险恶企图和贪欲是肯定会从其目光中表现出来的。你还要注意他的行为举止。心里有鬼的人，眼睛里会透出渴望得到什么东西的那种贪欲。当你正视他的眼睛时，他会心虚地把目光躲开，不敢与你相对而视。此外，你还要留心他是否经常企图与你单独在一起，尤其是周围环境比较僻静的时候，他是否会有心不在焉的表现。总之，在与男性交往时，只要是提高警惕，保持清醒的头脑，不为对方的各种手段所迷惑，就一定能避免讨厌的事情出现。

(2)试探法。要学会试探，用一些比较自然的、不引起对方注意的方式去检验他是好人还是坏人，比如，用一两句话，用一种微笑，用随和的态度等。也可以用拒绝他提出的一些建议的办法去试探。试探的方式也要同观察法结合起来，才能清楚地识别对方。

2.怎样对付坏人

年轻的家庭服务员有时会遇到各种坏人的骚扰，这就要求家庭服务员们能够掌握一套对付坏人的办法，具体如下：

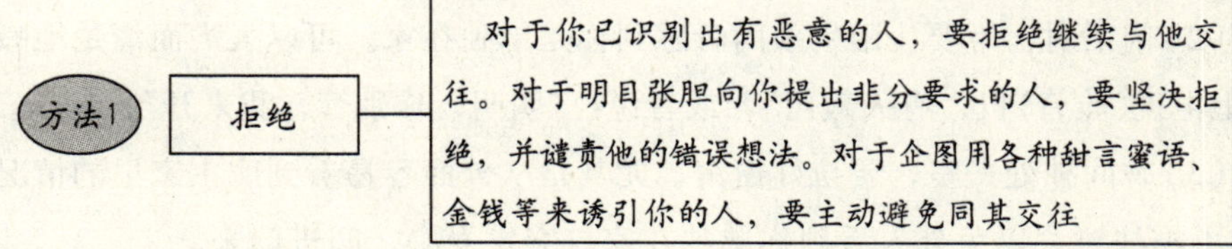

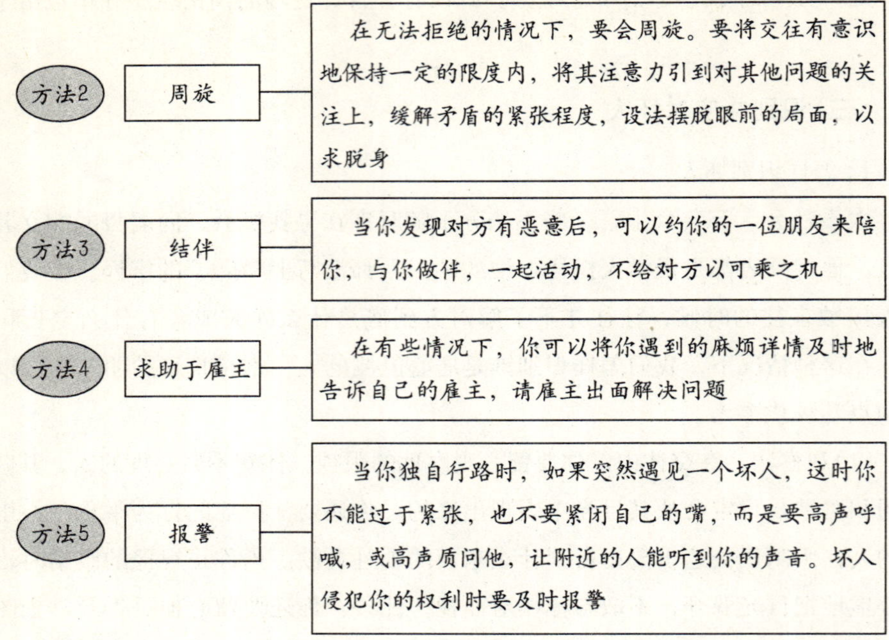

二、单独在家时的安全防范

作为家庭服务员，独自在家是常有的事，此时，最好先锁好门窗，检查一下室内的防盗设备。为了你自己的生命及财产的安全，这是一件刻不容缓的事情，

偶尔有陌生人来访时，不管来者是男士还是女士，为安全起见，你最好不要马上敞开大门迎客，要将门开个隙缝，当面问清来意再做打算。因为，如果你从室内的探视器里头看到来者品貌端庄、一副忠厚老实的样子，就安心地开门的话，可能引来一场大灾难也说不定。下面是一些具体的防范措施以供参考：

(1)如果有人敲门，必须先问清情况，在你认为安全时，方可让其入内。

(2)问话时，不要让陌生敲门者感到你是单独在家。可以大声而清楚地喊："关上电视(收音)机，有人敲门"，或者说："明明，你别管，我来开"，等等。

(3)晚间独处一室，要拉好窗帘，尤其是从外面容易看到雇主家里的情况的话，更需注意，以免外人看到你单独在家，突发歹心，闯进门来。

(4)入睡前，要细心地检查一下门锁、窗户插销，如果较长时间地独处一室，最好在床边预备一件防身的武器。

三、家居及职业安全

(一)正确的工作姿势

1．工作姿势基本原则

(1)量力而为。

(2)腰部保持挺直。

(3)不要长时间重复做同一动作。

(4)使用适当的工具协助。

2．正确的家居工作姿势

正确的家居姿势如下表所示：

正确的家居姿势

错误动作	后果	正确姿势
(1)拿物件时手腕向内弯	手肘及手腕不适	拿物件时手与前臂成一直线
(2)弯腰提取柜下层的物品	腰背痛	屈膝，伸下腰部
(3)在过低的桌面上工作	腰背痛	在高度适中的桌面上工作
(4)重复地活动手腕	手肘肌肉酸痛	活动肩膊，避免手腕过分活动或用长时间作机器地搅拌
(5)肩膊举起过久	肩与颈部肌肉酸痛	勿将肩膊举起
(6)弯腰拾起地上物件	腰背痛	半蹲，将腰部伸直或用拾取器
(7)弯腰吸尘	腰背痛	改用长柄的吸管，并保持腰部挺直
(8)清洁过头的窗口与墙	颈与肩部肌肉酸痛	站在梯上，或用长柄刷，使清洁范围与肩部成水平
(9)跪在地上清洁地板	膝痛	不要长时间跪地
(10)弯腰清洗浴缸	腰背痛	手扶缸边，用长柄的刷子洗刷浴缸

(二)工伤安全守则

1．防止割伤

(1)洗碗盆内不能丢放任何利器，例如菜刀、水果刀等。

(2)当发现有利器落下，千万不可尝试用手接住。

(3)不可用手指收拾破碎的瓷器或玻璃碎片。

(4)用不锋利的刀如果用力反而可能会造成意外。

2.防止滑倒或绊倒

(1)地板有水渍或食物应立即清理干净。

(2)玩具或杂物不能四处散布地上。

(3)过长的电线要束好。

(4)穿着合适的低跟防滑鞋，不宜穿凉鞋、拖鞋或高跟鞋行走或跑。

3.防止跌伤或撞伤

(1)爬高要用安全梯，不可用椅垫高。

(2)堆入物品，不可上重下轻。

(3)打开柜门后，离开时要立即关上，不可贪一时方便，而保持打开。

4.防止扭伤

(1)拿起重物要用腿力，保持直腰，避免弯腰提物。

(2)若移动过重的家俬物品，应找别人帮忙，不可勉强一人进行。

5.防止烫伤

(1)拿热的器皿时，要用干布(不能用湿布)或用布手套去拿，不可贪一时之快。

(2)若发生烫伤，应马上用冷水冲洗伤口，令伤口处皮肤温度降低，然后涂抹牙膏或红花油等消肿。若特别严重，简单如上处理后应及时就医。

6.防止用电意外

(1)手湿不可接触电源开关或电器。

(2)每当清理电器用品时，应先关闭电源和拔去插头再进行工作。

(3)启动电器前，应检查插头是否固定，若接触不良或松脱容易造成打火现象。若发现电线有破损，应马上关掉电源进行修补。

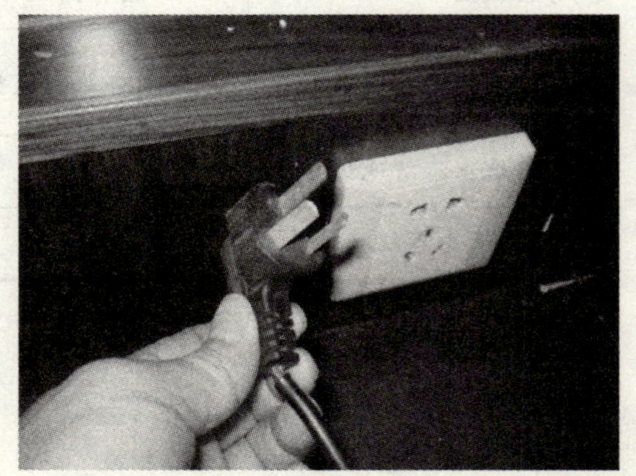

要拔掉插头

第三节　个人卫生常识

讲究卫生是对家庭服务人员的最基本要求。雇主都希望家中的家庭服务员讲卫生、爱清洁，具有良好的卫生习惯。

一、着装卫生

家庭服务员的着装卫生要求：

(1)家政服务员没有统一的着装要求，可依据服务地着装习惯并结合本人的经济状况穿着适宜的服装。但是，衣着必须清洁、整齐，不要衣不系扣或服装皱折太多。

(2)内、外衣服要经常更换清洗，尤其是夏季衣服、袜子要每天换洗，其他季节也要经常更换、刷洗、晾晒鞋袜，以保持鞋袜清洁没有气味。

(3)遇到节日或雇主家有客人到来时，可换上整洁美观鲜艳些的服装。

(4)在从事家务劳动时可以根据具体工作情况，准备一些辅助衣物，如围裙、套袖或者保洁人员穿的蓝大褂等。

(5)护理病人或婴幼儿的家庭服务员最好能够穿着专用服装，那将更加妥当。

(6)如果雇主要求在室内活动必须穿拖鞋，那么家庭服务员最好配穿上袜子；否则光着脚或露出脚趾接待宾客是极不礼貌也是极不雅观的。

提醒您：

家庭服务员不宜穿着紧身的、包裹躯体的、过分突出自身线条的服装；过于单薄，明显透出内衣的服装不能穿；过于暴露肢体的，如低胸、超短裙不能穿。更不能只穿着内衣裤就在雇主家中走动，要注意在雇主和宾客面前的形象。

二、日常卫生要求

（一）个人日常清洁卫生

(1)应坚持早晚刷牙，以保持口腔清洁卫生、无异味。

(2)每天在睡前一定要用温水洗脚，每周应修剪脚趾甲一次。

(3)应注意保持躯体卫生清洁。如条件许可在夏季每天冲洗一次，条件有限者也要每天擦洗。在冬季也要勤洗澡。

(4)应做好手的清洁卫生。一般人要求饭前便后要洗手，对家庭服务员来说，每天要做许多工作，手的使用频率非常高，手上沾上一些细菌是在所难免的，因此特别要注意做饭前，触摸食品、接触婴幼儿前一定要用肥皂和洗手液洗手，并冲洗干净。

洗手步骤如图所示：

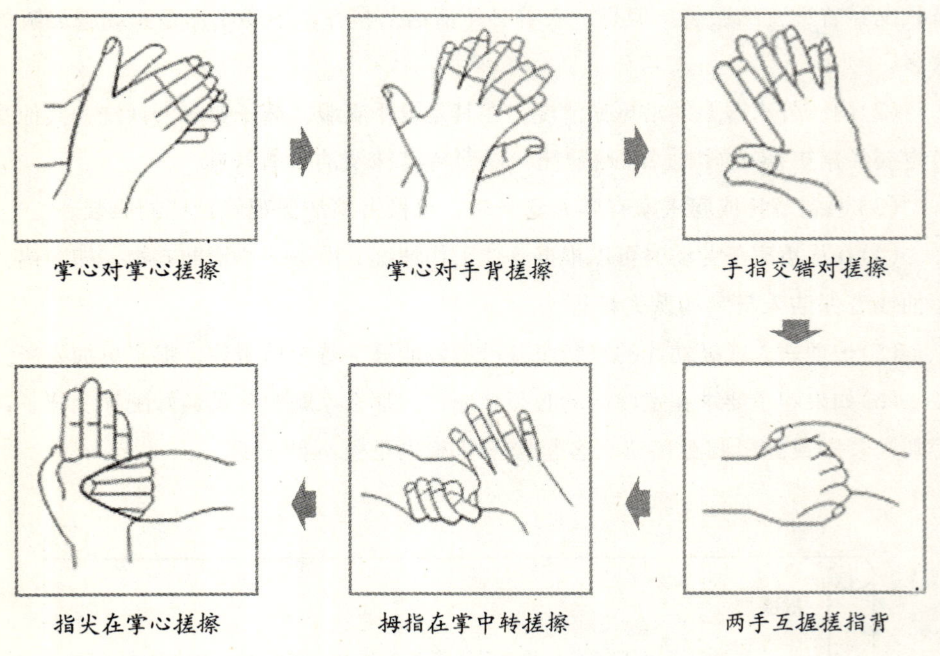

(5)头发应经常清洗、修剪，梳理整齐。每周应清洗头发1～2次。不宜留长发，头发过长不但会影响工作，且不卫生。不能披头散发，头发要梳理整齐，工作时头发要捆扎利落，做饭时最好戴上帽子或头巾，以防止头发或头屑掉到饭菜

里面。

(6)保持会阴清洁。会阴处的内外环境极其适合细菌的繁殖和生长，如果不能够保持清洁的外阴环境，将会导致细菌的大量繁殖，容易导致各种妇科病的发生。

(二)月经期卫生注意事项

月经的到来是女性性器官成熟的重要标志，是正常的生理现象。性器官成熟后，每一次排卵就会有一次经血外流。经期卫生要做到：

(1)要选用合体、卫生的卫生带、卫生裤或卫生巾。

(2)要保持会阴清洁卫生。月经高潮期应每2～3小时换一次卫生巾或卫生纸，每天用温水擦洗下身1～2次。为防止细菌感染，清洗下身或洗澡时不宜坐浴，应采用淋浴法。

(3)月经期不参加重体力劳动，不游泳，不参加赛跑。

(4)夏季衣着要合体，保持清爽；春、秋、冬季要注意保暖。

(5)注意天气变化，预防疾病发生。

提醒您：

经期忌食生、冷、辛辣食品，以免刺激血管导致血管扩张，引起大出血。饮食要多食蔬菜、水果，以帮助消化，保持大便通畅。

本章习题：

1.怎样安全使用煤气、液化气？

2.如何看好厨房中的油锅？

3.点蚊香应注意什么？

4.怎样预防电熨斗引起的火灾？

5.突然停电了该怎么办？

6.拨打“119”报警的方法是什么？

7.怎样避免性骚扰？

8.怎样对付性骚扰？

9.怎样识别坏人？

10．怎样对付坏人？

11．单独在家，如果有人敲门，怎么办？

12．简述正确的家居姿势。

13．家庭服务员着装有什么要求？

14．经期应该注意哪些事项？

第三章

操持家务

本章学习目标：

1. 会家用电器及燃气具的使用与保养。

2. 学会制作家庭餐，如煲汤、各种主食及菜肴制作，同时，会制订一般家庭膳食计划。

3. 掌握家居清洁的顺序、方法。

4. 掌握衣物的洗涤、晾晒与摆放方法与技巧。

5. 会买菜并会记账。

6. 掌握鱼、猫、狗等宠物的饲养与管理方法。

7. 了解家庭美化的一些基本知识。

8. 了解家庭消费模式，掌握家庭财务的管理方法。

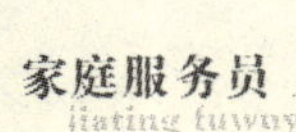

第一节　家用电器及燃气具的使用与保养

各种电器及燃气具都有详细的使用说明书，有条件的话可仔细学习使用说明书，对照设备的具体部位认清结构，一步步操作。应首先征得雇主同意，或在雇主指导下进行。有些高档电器的使用，必须经雇主同意方可。

一、厨房类电器及燃气用具

（一）冰箱

1.使用注意事项

(1)热的食物不要放入运转着的冰箱内。

(2)存放食物不宜过满、过紧，要留有空隙，以利冷空气对流，减轻制冷系统的负荷，延长冰箱使用寿命，节省电量。

(3)食物不可生、熟混放在一起，以保持卫生。按食物存放时间、温度要求，合理利用箱内空间。不要把食物直接放在蒸发器表面上，要放在器皿里，以免冻结在蒸发器上，不便取出。

冰箱里的东西不宜塞得过满

(4)鲜鱼、鲜肉要用塑料袋封装，在冷冻室储藏。蔬菜、水果要把外表面水分擦干，放入冷藏室内，以0～10℃储藏为宜。

(5)不能把瓶装液体饮料放进冷冻室内，以免冻裂包装瓶。应放在冷藏室内或门搁架上。

(6)存储食物的电冰箱不宜同时储藏化学药品。

(7)中药材放置在冰箱时，一定要严格密封。如果中药材裸露放在冰箱里，其

他食物的水分会被药材吸收，破坏药性。

2.清洁保养

(1)冰箱在使用一段时间(约6～8个星期)后，应清洗内部，以免积存污垢，滋生细菌。

(2)注意清洁冰箱底部地板下隐藏的垃圾和尘埃。

(3)冰箱外壳可用经浸温水并拧干的布洗抹。

(4)当冷藏格霜厚约5毫米时应除霜。冰箱分无霜和有霜两大类，而有霜又分人工除霜、按钮式半自动除霜和自动除霜三种。

✓人工除霜的，要先关闭电源，取出的食物采取适当的措施(如用旧棉被包住)保温，待冰霜融化后，用毛巾将水吸干，洗刷干净后再接电源。

✓按钮式除霜的，只要把按钮按下，冰箱自动关闭电源，除霜完毕后自动接通电源，除霜产生的水会流入盛水盘中，然后将之倒掉。

✓全自动除霜和无霜冰箱除霜的水会被蒸发，所以，不必人工处理。

(5)清洁后，确保冰箱背后与墙壁保持适当的空间，以便流通热空气。

(二)微波炉

1.使用注意事项

(1)微波炉应放在空气流通的平台上，两侧及背面与墙壁至少有5～10厘米的距离，保证微波炉排风口排气流畅。不要放置在高温、潮湿的位置和带磁场的电器附近。

(2)微波炉工作时炉腔内不能无食物，否则会损坏微波炉。

微波炉放置的周围应留有一定空间

(3)每次加热的食物不宜过多过厚。加热鸡蛋、板栗等带壳无孔的食物，应先刺穿，以防爆裂。

(4)使用保鲜膜覆盖加热食物时需留有小孔；密封的瓶子放在炉内加热应先将瓶盖打开，窄口瓶不可以直接加热。

(5)不用微波炉时将定时器旋转到“停”的位置。使用烧烤型微波炉时，食物与加热管应保持一定的距离。

相关知识：

哪些容器能用于微波炉

1.可以使用的器皿

抗热的玻璃制品或陶瓷制品、耐热的塑料制品、耐热膜；木制的碗、盘、柳条制的篮子、一次性纸餐盒，餐巾也可以在微波炉内作短时间加热。

2.不可以使用的器皿

金属容器(包括内衬铝箔的软包装)、带有金属装饰条纹的玻璃和陶瓷器具、易碎的器皿、内壁涂有彩色或油漆的各种容器。

(6)在微波炉工作时可随时打开炉门，检查或翻转食物。由于加热管温度很高，打开炉门时切勿用手触摸加热管，以免烫伤。要带上隔热手套，方可翻转或搅拌食物。

(7)冷冻食品需先解冻，再烹调。否则会出现食物外部已熟透而中间未解冻的现象。

(8)不宜将食品直接放在玻璃转盘上烹调，食品应放在合适的器皿中，再将器皿放在玻璃转盘上烹调。

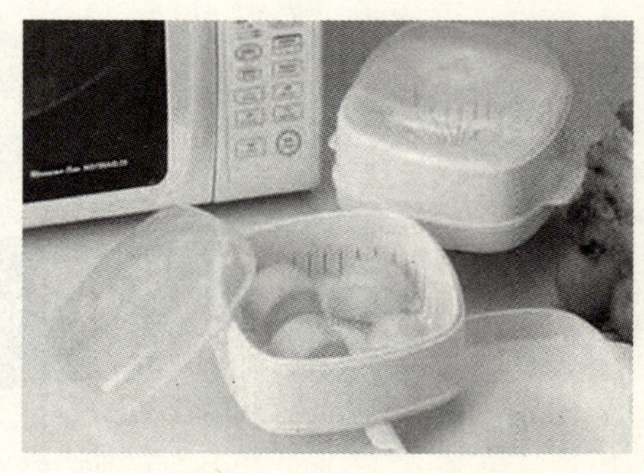

将食品放在合适的容器里

2.清洁保养

(1)炉门宜经常检查，不要让物件夹在炉门上，或令其受负荷而使炉门变形。

(2)不要玩弄镶在门边的几个保险开关，它们的作用是炉门开关时截断电源，若受破坏，将有危险。

(3)可用水或稀的清洁剂处理机身内外的污渍，千万不要磨花或刮损内壳。

(4)炉内如果有异味，可用一碗水加几匙柠檬汁煮5分钟，之后用布抹干净除味。

(三)抽油烟机

1.使用注意事项

(1)煮食时不要移开炉头上的器皿，以免火焰被启动的抽油烟机直接抽吸，发生着火危险。

(2)每次煮食后，可保持抽油烟机开动15分钟再关掉，使厨房空气清新，使油渍不会聚在抽油烟机内。

2.清洁保养

(1)定期清洁抽油烟机的外壳，防止聚集油脂。

(2)聚集着油脂的过滤网必须清洁或定期更换。可以在过滤器上加上一块保鲜纸，日后只需要换保鲜纸而不用清洗过滤网。

(3)清洗抽油烟机时，先用报纸把炉头盖上。用除油剂喷向转叶，等待2～3分钟，然后开动抽油烟机，再喷除油剂在转叶上方，一直开动15分钟。油污会渐渐流入油杯，关机后，取下油杯清洗。至于机身可用去重油渍的清洁剂抹洗。

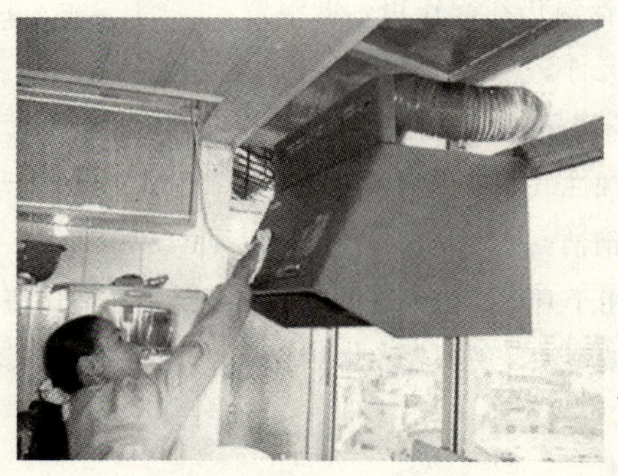

抽油烟机清洗

（四）排气扇

排气扇的清洁保养方法为：

(1)先关电源或关上总开关，若有插头，也应先拔出再开始清洁工作。

(2)将集油器及框一并取下，可能的话，把扇叶拆出，然后放入适量的洗洁精或去污剂加热水浸洗。

(3)注意及时清理排气扇外遮板上的油垢。排气扇外遮板上的油垢可能令遮板粘住，使排气的风无法推开遮板，影响排气扇的运作。

(4)因为马达、电线不可弄湿，马达和电线上的油垢只能干擦或轻轻刮除，千万注意不要刮花油漆或损坏电线。

（五）电饭煲

1.使用注意事项

(1)轻拿轻放，不要经常磕碰电饭煲。因为电饭煲内胆受碰后容易发生变形，内胆变形后底部与电热板就不能很好吻合，导致煮饭时受热不均，易煮夹生饭。

(2)煮饭、炖肉时应时刻注意查看，以防汤水外溢流入电器内，损坏电器元件。要注意锅底和发热板之间要有良好的接触，可将内锅左右转动几次。

(3)饭煮熟后，按键开关会自动弹起，这时不宜马上开锅，一般再焖10分钟左右才能使米饭熟透。

(4)用完电饭煲后，应立即把电源插头拔下，否则自动保温仍在起作用，既浪费电，也容易烧坏元件。

(5)电饭煲不宜煮酸、碱类食物，也不要将它放在有腐蚀性气体或潮湿的地方。

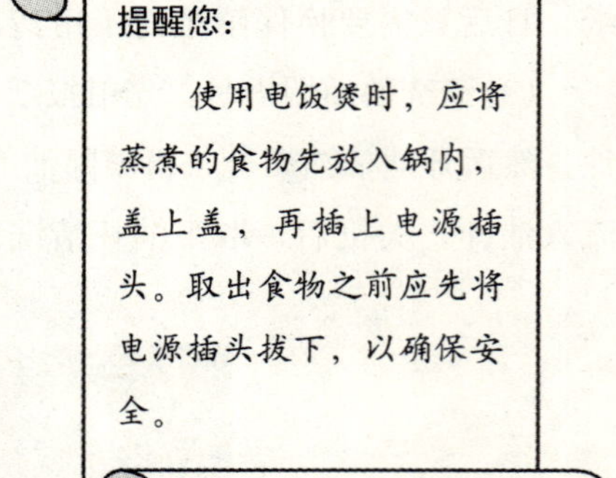

2.电饭煲的清洁

电饭煲主要用于煮饭，内锅底的脏物主要是饭粒的焦渣，外壳则经常由于高温米汤的溢出而被腐蚀，使外壳的烤漆脱落，开关与安全装置还会因为汤液或饭粒的进入而失灵。

(1)内锅清洗

✓清洗内胆前，可先将内胆用水浸泡一会，不要用坚硬的刷子去刷内胆。

✓清洗后，要用布擦干净，底部不能带水放入壳内。

✓外壳及发热盘切忌浸水，只能在切断电源后用湿布抹净。

(2)外壳清洗

✓电饭煲外壳上的一般性污迹，可用洗洁精或洗衣粉的水溶液进行清洗。

✓当电饭煲内部控制部位有饭粒或污物掉进去时，应用螺丝刀取下电饭煲底部的螺钉，揭开底盖，将其中的饭粒、污物除掉。

✓若有污物堆积在控制部位某一处时，可用小刀清除干净后，用无水酒精擦洗。

提醒您：

在清洁过程中，切勿使电器部分和水接触，以防短路和漏电。

二、空气调节设备

(一)电风扇

1.使用注意事项

(1)使用安全三脚插座接驳电源。

(2)如风扇发出噪音，应加润滑油于旋转轴。

2.清洁保养

(1)吊扇及挂墙扇应定期拂尘，偶尔用湿布加清洁剂洗擦，清除会妨碍运作的灰尘和绒毛。

(2)圆形座地扇及台扇用湿布加清洁剂洗擦保护罩和扇叶上的油污，再用干布擦干。处理时要小心，不要碰撞扇叶，以免扇叶或保护罩变形，容易造成故障。

(二)空调

1.使用注意事项

(1)只需在使用前15分钟才开启空调，以节省能源。

(2)关掉空调后，切忌立即再开启使用，待5分钟后才开启。

2.清洁保养

(1)清洁隔尘网。隔尘网积满尘埃会影响制冷系统，日久更会使机器失灵。

✓窗式及分体式空调在夏天应每星期清洁一次隔尘网。

✓清洗时应先将空调切断电源，然后把隔尘网拉出，网上的积尘，可用吸尘

器吸掉或以清水冲洗。

✓如果隔尘网积尘太多，可用少量清洁剂清洗，放在阴凉处吹干后装回空调。

(2)空调的面板及出风口的海绵都很容易积尘，可用吸尘器或柔软的干布清洁。

三、清洁用具

(一)吸尘器

1.使用注意事项

(1)尽量使用墙壁的电插座，不宜使用拖板电源，以防意外。

(2)使用前后要检查、清理机内所积存的垃圾尘埃。

(3)吸尘器只能用作吸尘，不可用作吸较大的垃圾，如厕纸、胶袋等，因较大垃圾会阻碍机身散热和阻塞管道。

(4)不能太长时间开机器，以防损坏机器。

(5)吸尘器主要分三种：立式、圆筒式和干湿两用式。每部吸尘器都附有不同的附件，如长短的吸管、刷，可按不同需要而加装使用。

2.保养及清理

(1)每次用完吸尘机后要除去刷上的一些绒毛和棉线。

(2)检查吸管，要保证上面无孔洞，吸管损坏了会影响吸尘。

(3)集尘袋过满以前就要倒尘。倒尘后用刷子轻轻擦掉集尘袋上的灰尘(一次集尘袋除外)，不要用水洗涤，否则会令织物的结构疏松，使尘埃通过而进入马达。

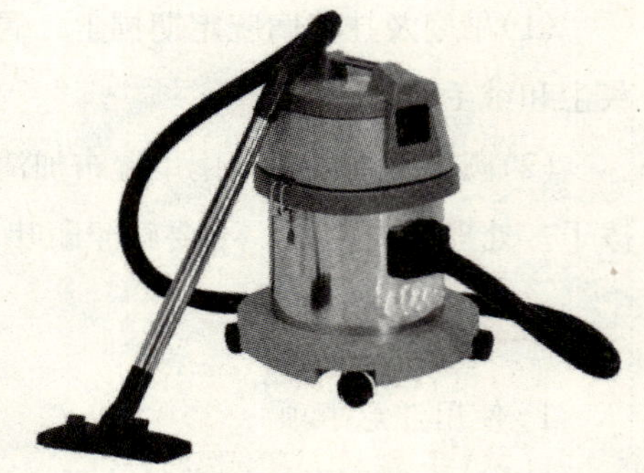

吸尘器

(二)洗衣机

1.使用注意事项

(1)按照机身上洗涤剂指示器的要求注入适当的洗涤剂。

(2)开机前，留意衣物的质料选择不同的温度、转数，例如：

羊毛、纤维衣物　　(30℃)　　120～250转

混合纤维　　(40℃)　　300～500转

厚重布料/牛仔裤　　(70℃)　　600～750转

洗衣机操控面板上各项功能都显示在其上，若选了某项功能，只要轻轻在其上一按，洗衣机就会按设定模式运作

2.清洁保养

(1)放进洗衣机内清洗的衣物不能过载，否则会损害马达。

(2)洗衣粉(洗衣液)的用量要适当，过多的洗衣粉(液)会令漂洗困难。

(3)使用后要拔下机器的插头，用湿布抹净机器，并打开机门，使空气循环以风干内筒。

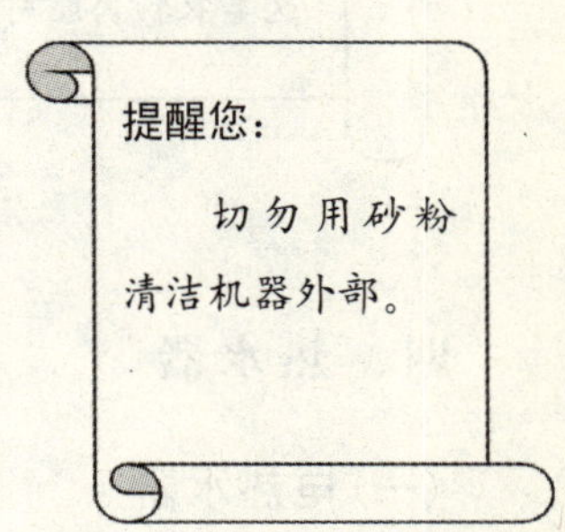

(4)定期擦干净肥皂格，擦干净机门的橡胶密封圈与机壳搭接的部分，以免水分积聚过多而使胶圈腐烂。

(5)每月检查过滤网一次。

(三)干衣机(滚筒式)

干衣机是利用风扇把暖风吹进旋转的干衣滚筒内完成干衣程序的。滚筒内装有桨叶翻动衣物，令暖风更均匀地吹干衣物。干衣的理想程度是带有5%的湿气，以保持衣物的柔软。

干衣机几乎都是全自动的，操作完全靠按钮控制。控制器主要分为调温器及时间控制器两类。

1.使用注意事项

(1)每次干衣前，应该根据衣物质料先行分门别类，将质料厚薄度不同的衣物分类后集中在一起处理。

(2)最好能将衣物逐件解开，放进干衣机内，这样可缩短干衣时间，更免使衣物过皱。

2.清洁保养

(1)运行不要超过所需时间。

(2)含水量过多的衣物，例如经手洗的衣物，即使拧干后，亦不宜交由干衣机处理。

(3)经常取出过滤网清除聚积在那里的绒毛。每次进行干衣之前，先要检查过滤网是否已清理妥当，因为棉线聚积，会妨碍热风的流通，干衣机的效率就会大打折扣，倘若过滤网严重堵塞，干衣机会过热甚至会有着火燃烧的危险。

提醒您：

不要把曾经浸泡过易燃溶液的衣物，例如干洗的衣物放入干衣机内。也不要随便把海绵乳胶、含橡胶或蜡质的衣物(如婴儿尿裤、沐浴帽、乳胶枕头等)放入，这些东西受热时有可能着火，或放出有毒气体。这类衣物只能用冷风循环处理。

四、热水器

(一)电热水器

1.使用注意事项

(1)通电使用前，必须确保热水器内胆注满水。注水方法：

步骤1：将混合阀扳至热水处。

步骤2：开启自来水进水阀门，待喷头连续出水时，表明热水器内胆中的水已注满。

步骤3：通电加热。

(2)若长期不使用热水器，应将热水器内胆中的水排空，以防水变质出现异味及内胆结垢。排水方法：

步骤1：首先关闭自来水进水阀门。

步骤2：将热水器混合阀扳至热水处。

步骤3：将安全阀手柄向上扳至水平位置，此时热水器内胆中的水便通过安全阀的泄压口流出并经排泄管流向下水道。

(3)打开混合阀洗浴时，喷头不应直接对着人体，避免水温过高或过低使人不适，待水温调至合适时再使用。

(4)洗浴时要确保喷出的水不淋到热水器上，以防热水器内部线路受潮而发生短路，造成危险。

(5)洗浴结束后，要首先将喷头远离人体，然后将混合阀关闭，将热水器电源关闭，同时要将喷头中的水甩干，并将喷头挂在喷头支座上。

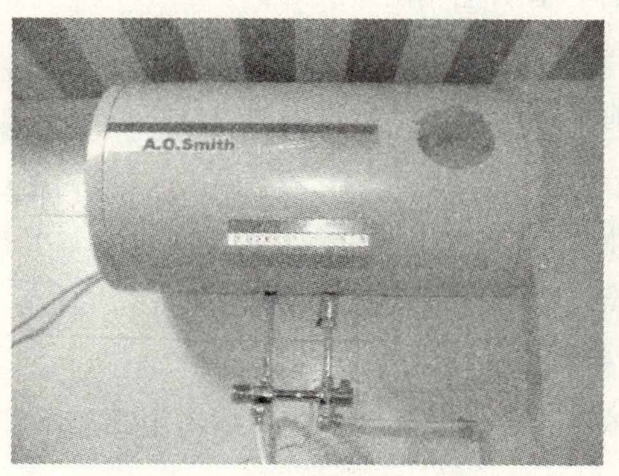

电热水器

2.清洁保养

电热水器在使用一定时间后，其内部会形成大量水垢，当水垢增厚到一定程度后，不仅会延长加热所需时间，而且还会发生崩裂，对内胆有一定损害，所以应定期排污。

(1)电热水器没有排污阀的，需报告雇主请专业人员来清洁。

(2)有的电热水器配有排污阀，可根据说明书自行排污。

(二)燃气热水器

1.使用注意事项

(1)使用时一定要开启排气扇使室内的空气流通。

(2)不要把毛巾等易燃物品放在热水器上，附近不要堆放易燃或有腐蚀性的物品。

(3)使用时如嗅到燃气的异味，应立即关闭燃气总开关，并打开门窗，排走燃气。此时不要使用电源开关和点火，事后要查明原因，并请专业维修公司上门查看。

(4)使用完燃气热水器要将燃气总开关关闭。

2.清洁保养

(1)热水器使用一段时间，可打开热水器面壳，用干布擦拭点火针及火焰感应针，注意擦拭力度不宜过大，否则会移动点火针或感应针位置，而影响热水器的使用。管道气专用燃气热水器最好半年保养一次。

(2)必须经常检查供气管道各处接口有否密封，橡胶软管是否完好，有否老化出现裂纹，一旦发现应及时处理及更换。

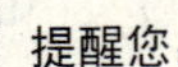

提醒您：

自己对燃气具结构不懂时一定不要贸然清洁保养，可请教雇主或由雇主聘请专人来清洁。

(3)注意热水器有无漏水现象，发现应及时处理。

(4)定期清洁进水过滤网，如出现热水器出水量少、打不着火等现象，则可能有污物堵塞滤网，可拆开冷水进口接驳处取出滤网清理。

(5)热水器长期停用，一定要关闭气源，拔出电源插座或取出电池。

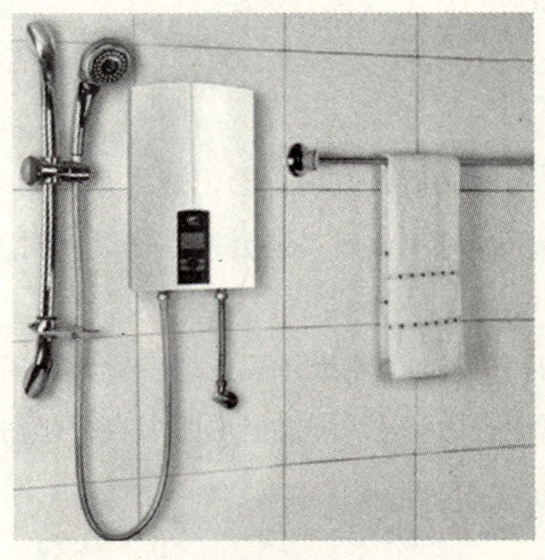

燃气热水器

第二节　制作家庭餐

一、如何做出美味靓汤

制汤又称“吊汤”“煲汤”，就是将蛋白质与脂肪含量丰富的鸡、猪肘、棒骨等，放在水锅中加热的一种热处理方法。

一般家庭做汤的原料是猪骨、牛羊骨或者蹄爪之类。怎样烧制汤才能鲜香可口呢？

(1)制汤的骨头类原料要在冷水时下锅。

(2)小火慢煲时中途不能打开锅盖也不能中途加水，否则影响汤的口感。因为正加热的肉类遇冷收缩，蛋白质不易溶解，汤便失去了原有的鲜香味。

(3)用鸡、鸭、排骨等肉类煲汤时，先将肉在开水中氽一下，这个过程就叫做“出水”或“飞水”，不仅可以除去血水，还去除一部分脂肪，避免过于肥腻。

(4)煲汤时，火不要过大，火候以保持汤沸腾为准，如果让汤汁大滚大沸，肉中的蛋白质分子会被破坏。

(5)要使汤清，必须用文火烧，加热时间宁可长一些，使汤呈沸而不腾的状态，并注意撇尽汤面上的浮沫浮油。

(6)煲汤时忌过多地放入葱、姜、料酒等调料，以免影响汤汁本身的原汁原味。

(7)忌过早放盐，因为早放盐能使肉中的蛋白质凝固不易溶解，让汤色发暗，浓度不够，外观不美。

(8)煲鱼汤时，先用油把鱼两面煎一下，鱼皮定结就不易碎烂了，而且还不会有腥味。

(9)煲鱼汤时，向锅里滴几滴鲜牛奶，汤熟后不仅鱼肉嫩白，而且鱼汤更加鲜香。

(10)汤中的营养物质主要是氨基酸类，加热时间过长，会产生新的物质，营养反而被破坏，一般鱼汤煲1小时左右，鸡汤、排骨汤煲3小时左右，所以并非煲的时间越久越好。

相关知识：

熬浓汤时，巧加土豆泥

熬制浓汤的习惯做法是加入一定量的细淀粉，不过这种简便的做法只能节省时间和工序，不能使浓汤更加鲜美。如果把新鲜的土豆去皮、蒸熟、捣成土豆泥，然后加入烹制的汤水中，使之融为一体，鲜美效果将大不相同。其实，土豆的块茎内含有大量淀粉，只不过未经提炼，原汁原味罢了。

常见汤的制作方法

1.滋补靓汤：山药煲排骨

功效：具有滋润皮肤、美容、滋阴壮阳的作用。

主料：山药。

辅料：排骨。

调料：葱、姜、盐、醋、大料。

做法：

将山药去皮洗净切成块，排骨改刀成块；将山药、排骨放入压力锅的内锅，加入葱、姜、盐、醋、大料、适量水，压力调到排骨档，保压时间10分钟即可食用。

特点：咸香适口。

一般饮用人群：普通人群。

2.清热汤：川贝炖雪梨

功效：雪梨有清热去燥之效，川贝化痰润肺，蜜枣、冰糖滋润。在秋天干燥的天气，呼吸系统较弱时，常饮此甜品可助你润肺防燥。

材料：雪梨2个，川贝5钱，蜜枣5粒，陈皮1片，冰糖适量。

做法：

雪梨去皮去心洗净，陈皮浸软备用。雪梨、川贝、蜜枣及冰糖同放入煲，隔水炖3小时即成。

一般饮用人群：普通人群。

3.养颜汤：参芪养颜汤

功效：驻颜养容、滋补强身；改善面色萎黄、苍白无华、须发早白、身体虚弱等症。

材料：人参10克，黄芪15克，松子仁20克，黑芝麻50克，花生100克，糙米300克，白糖适量。

做法：人参、黄芪用两碗水熬成一碗；松子仁油炸或者炒熟，黑芝麻、花生、糙米用水泡好、混合，加水打成浆汁状；锅内放入适量清水，将参芪汁及黑芝麻浆倒入，搅均匀，上火煮熟，放入松子仁。

一般饮用人群：普通人群。

4.壮阳汤：甘菊猪肚汤

功效：猪肚入胃健胃。甘菊味兼甘苦，性禀平和，专益肺肾二脏，散湿痹游风。黄芪甘温补中益元气，温三焦，壮脾胃。老姜辛温逐寒邪。合煮能健脾胃益肺肾，而祛风、利尿、解渴、强化髋关节、补中气，最适合体质虚弱，伤风感冒者，脾气乖异者尤宜常服。

材料：猪肚1个，甘菊1钱，黄芪1钱，老姜数片，调味料适量，上汤750克。

做法：猪肚先刮去污物，再从内外翻，手伸入肚内，同时炒锅拭干加热，达一定热度后，直接把猪肚放在锅内搓摩，每一部位都不遗漏，或用面粉加色拉油搓洗2次。之后以滚水汤煮3分钟，捞起冲浸冷水，去白膜，切成大片。将所有材料和肚片置于锅内，加上汤煮开，改用文火煮约1～1.5小时即可食用。

一般饮用人群：普通人群。

5.滋阴汤：冰糖银耳汤

功效：滋阴止嗽，润肺化痰，润肠开胃。对中老年和高血压、动脉硬化以及肺结核患者，有良好的保健作用。

材料：银耳、红枣、枸杞、冰糖。

做法：将银耳去蒂洗净放入压力锅内锅中，倒入枸杞、红枣、冰糖，盖上锅盖，压力调到米饭档，保压时间10分钟后，即可食用。也可放入冰箱中冷却后食用。

一般饮用人群：普通人群、中老年人、高血压患者、动脉硬化以及肺结核患者。

6.乌鸡白凤汤

功效：乌鸡营养丰富，老少皆宜。具有较高的药用价值。

主料：乌鸡(宰杀干净)。

辅料：枸杞、香菜。

调料：葱、姜、鸡精、盐、醋。

做法：将乌鸡放入压力锅内锅里，加入葱、姜、盐、枸杞、鸡精、醋、适量清水，压力锅调到鸡档，保压时间15分钟，出锅后撒入少许香菜即可食用。

一般饮用人群：普通人群。

7.黑木耳大枣汤

功效：滑爽香甜，既有保健作用又有美容效果，并能延缓衰老。黑木耳具有降血压、降血脂之效，对改善心、脑血管循环系统大有好处。

主料：黑木耳、红枣。

辅料：猪里脊肉。

调料：葱、姜、花椒、鸡精、香油、盐。

做法：将黑木耳、红枣洗净，猪里脊肉洗净切成小块，一起放入压力锅的内锅，加入葱、姜、花椒、盐、鸡精、香油，盖上锅盖，把压力调到肉类档，保压定时12分钟，即可食用。

8.冬瓜海带瘦肉汤

功效：冬瓜促进人体的新陈代谢，可抑制糖类转化为脂肪，故可瘦身；海带含丰富碘质及多种微量元素，能消除体内脂肪及胆固醇；冬瓜所含的蛋白质和瓜氨酸更可润泽皮肤，还能抑制黑色素、防止面斑形成，有美白作用。

材料：冬瓜1斤，发好海带4两，陈皮2块，瘦肉半斤。

做法：冬瓜去皮、洗净，海带切段；冬瓜、海带连同陈皮和瘦肉放进煲

中，加入8碗水，煲约两小时，加适量盐调味即可饮用。

9.舒心抗老驻颜老火汤

功效：舒心，抗老，驻颜。

主料：羊尾骨(连尾)1条，羊排肉550克，黄精8克，枸杞5克。

配料：南姜2片，西红柿2个，冰糖1颗，料酒50毫升，豉油、麻油各数滴，盐少许。

做法：羊尾骨、羊排肉洗去血秽，沥干，斩件。将骨块、肉块与南姜一起下油锅炒干，稍后倒入料酒、豉油，再炒一下。往锅中加入适量清水，投下糖。待水沸后，撇去面上的浮沫，移入砂锅。黄精、枸杞随之放入砂锅，用文火煲至肉熟烂为止。食用时除去黄精药渣，调入盐，滴入麻油。西红柿切片伴食。

10.青木瓜猪脚汤

功效：运用新鲜青木瓜来炖猪脚，会让猪脚又嫩又好吃，木瓜所含的木瓜酵素可以帮助蛋白质分解，帮助消化，更是青春期女性的自然丰胸补品。

主料：猪脚骨高汤4杯，青木瓜1个，黄豆100克。

辅料：盐1小匙。

做法：青木瓜去皮及籽，洗净、切块；黄豆泡水约3小时，洗净、沥干。锅中倒入猪脚骨高汤煮滚，放入黄豆煮至八分熟，加入青木瓜煮至熟烂，加入盐调味即可。

二、菜肴制作

(一)热菜的烹调方法

我国的菜肴品种虽然多至上万种，但其基本烹调方法则可归纳为炸、炒、溜、爆、烹、炖、煨、烧、扒、煮、氽、烩、煎、贴、蒸、烤等二十几种基本的烹调方法。

1.炸

炸用旺火加热，以食油为传热介质进行烹调，特点是火力旺，用油多。用这种方法加热的原料大部分要间隔炸一次。用于炸的原料加热前一般用调味品浸

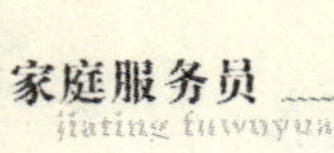

渍，加热后往往随带调味品。炸制菜肴的特点是香、酥、脆、嫩。由于所用的原料的质地及制品的要求不同，炸可分清炸、干炸、软炸、酥炸、卷包炸和特殊炸等几种。

2.炒

炒是将加工成丁、丝、条、球等的小型原料投入小油锅，在旺火上急速翻炒的一种烹调方法。此法使用最为广泛。操作时，要先热锅，再下油。一般用旺火热油，但火力的大小和油温的高低要根据原料而定。炒的特点是制品滑嫩干香。

3.溜

溜是先将原料用炸的方法加热成熟，然后调制卤汁淋于原料上，或将原料投入卤汁中搅拌的一种烹调方法。溜菜的原料需先加工成形，大都是块、丁、片、丝等小料。

4.爆

爆是将脆性原料放入中等油量的油锅中，用旺火高油温快速加热的一种烹调方法。其特点是加热时间极短。爆制所采用的原料大多是本身质地具有一定脆性、无骨的小型原料，刀工处理必须厚薄、大小、粗细一致。除薄片外一般都必须斩花刀。

5.烹

烹是先将小型原料用旺火热油炸成呈黄色，再加入调料的一种烹调方法，故有“逢烹必炸”之说。这方法适用于加工成小型段、块及带有小骨、薄壳的原料，如明虾、仔鸡块、鱼条等。原料炸好后，沥去油，再入锅加入调味汁，颠翻几下即成。

6.炖

炖是既类似蒸又类似煨的一种烹调方法，习惯上分为隔水炖和不隔水炖两种。

7.焖

焖是将炸、煎、煸、炒或水煮的原料，加入酱油、糖等调味品和汤汁，用旺火烧开后再用小火长时间加热成熟的烹调方法。焖的特点是制品形态完整，不碎不裂，汁浓味厚，酥烂鲜醇。

8.煨

煨是将经过炸、煎、煸、炒或水煮的原料放入陶制器皿，加葱、姜、酒等调味品和汤汁，用旺火烧开、小火长时间煮的烹调方法。制品特点是汤汁浓白，口

味醇厚。

9.烧

烧是将经过炸、煎、煸炒或水煮的原料，加适量的汤水和调味品，用旺火烧开，中小火烧透入味，旺火使卤汁稠浓的一种烹调方法。

10.扒

扒是将经过初步熟加工的原料整齐地放入锅内，加汤汁和调味品，用旺火烧开，中小火烧透入味，旺火使卤汁稠浓的一种烹调方法。

11.煮

煮是将原料放入多量的汤汁中或清水中，先用旺火煮沸，再用中小火烧热成熟的一种烹饪方法。煮的特点是汤菜各半，汤宽汁浓，不经勾芡，口味清鲜。

12.汆

汆是沸水下料，一滚即成的烹调方法。原料大多是小型的或加工成片、丝、条状和制成丸子的。一般是先将汤或水用旺火煮沸，再投料下锅，只调味，不勾芡，一滚即起锅。

13.烩

烩是将加工成形的多种原料一起用旺火制成半汤半菜的菜肴的烹调方法。原料一般都要经过初步熟加工，也可配些生料。

14.煎

煎是以少量油遍布锅底，用小火将原料煎熟并两面煎黄的烹调方法。有的最后烹入调味品，有的不用。适用于煎的原料，多为扁平状，或加工成茸。

15.贴

贴与煎的烹调方法基本相同，但下锅后只煎一面。贴的原料一般是两种以上合贴在一起，而且必须用膘肉垫底，主料放在肥膘上面。贴的原料必须拌上调味料并挂糊。

16.蒸

蒸是以蒸汽加热使经过调味的原料酥烂入味的烹调方法。它不仅用于蒸制菜肴，而且还用于原料的初步加热成熟和菜肴的回笼保温。

17.烤

烤是生料经过腌渍或加工成半熟制品后，放入以柴、炭、煤或煤气为燃料的烤炉或红外线烤炉，利用辐射热能直接把原料烤熟的方法。

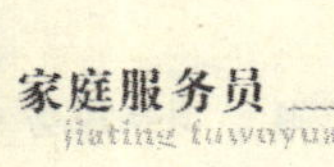

(二)凉菜的制作方法

凉菜制作方法主要有拌、炝、酱、腌、卤、冻、酥、熏、腊、水晶等，这里介绍几种常用的方法。

1.拌

拌是把生的原料或晾凉的热原料，经切制成小型的丁、丝、条、片等形状后，加入各种调味品，然后调拌均匀的烹调方法。拌制菜肴具有清爽鲜脆的特点。

2.炝

炝是先把生原料切成丝、片、块、条等，用沸水稍烫一下，或用油稍滑一下，然后滤去水分或油分，加入以花椒油为主的调味品，最后进行掺拌。炝制菜肴具有鲜醇入味的特点。

3.腌

腌是用调味品将主料浸泡入味的方法。腌制凉菜不同干腌咸菜，咸菜是以盐为主，腌制的方法也比较简单，而腌制凉菜须用多种调味品，口味鲜嫩、浓郁。

4.酱

酱是将原料先用盐或酱油腌制，放入用油、糖、料酒、香料等调制的酱汤中，用旺火烧开撇去浮沫，再用小火煮熟，然后用微火熬浓汤汁，涂在成品的皮面上。酱制菜肴具有味厚馥郁的特点。

5.卤

卤是将原料放入调制好的卤汁中，用小火慢慢浸煮卤透，卤汁滋味慢慢渗入原料里。卤制菜肴具有醇香酥烂的特点。

6.酥

酥制冷菜是原料在以醋、糖为主要调料的汤汁中，经慢火长时间煨焖，使主料酥烂，醇香味浓。

7.熏

熏是将经过蒸、煮、炸、卤等方法烹制的原料，置于密封的容器内，点燃燃料，用燃烧时的烟气熏，使烟火味焖入原料，形成特殊风味的一种方法。经过熏制的菜品，色泽艳丽，熏味醇香，并可以延长保存时间。

8.水晶

水晶也叫冻，它的制法是将原料放入盛有汤和调味品的器皿中，上屉蒸烂，

或放锅里慢慢炖烂，然后使其自然冷却或放入冰箱中冷却。水晶菜肴具有清澈晶亮、软韧鲜醇的特点。

家常菜制作举例

1．菜名：鱼香茄子

材料：茄子、木耳、葱末、姜末、蒜末、盐、糖、辣豆瓣酱。

做法：

(1)茄子切长段；木耳切末。

(2)起油锅，锅中放油半锅，待油热，茄子稍炸后取出。

(3)另起油锅，锅中放油3大匙，待油热，先爆香姜末、蒜末、木耳末、辣豆瓣酱后，再加入茄子及1碗水、酱油，大火煮滚后改小火煮至茄子软化，即以盐、糖、味精、料酒调味，用湿淀粉勾芡，最后加上葱花及胡椒粉拌匀即可。

注意事项：如何煮鱼香茄子才够味？

鱼香中的“鱼”香没有一点鱼的成分，鱼香的成分大致是酱油、辣椒酱、糖醋、料酒，再加上胡椒粉、葱、姜、蒜和木耳末调制成的。茄子的处理方式，首先将茄子切长条状，然后入油锅中稍炸，因茄子具有吸油性，在烧鱼香茄子的过程中，茄子会吐出油来吸收鱼香的汁，如此煮出来的鱼香茄子才够味。因加入调料与做红烧鱼的调料大致相同，所以取名为“鱼”香，如用肉丝炒熟代替茄子就是有名的菜肴：鱼香肉丝。

2．菜名：红烧草鱼

主料：草鱼。

辅料：猪里脊、香菇。

调料：葱、姜、蒜、盐、白糖、白酒、胡椒粉、生抽、湿淀粉、香油、食用油。

做法：

(1)将草鱼去内脏清洗干净，在鱼的身上切成“井”字，涂上盐稍腌制一会儿。葱、姜、蒜洗净切成末，香菇洗净切成丝，猪里脊肉切成丝。

(2)坐锅点火，放入大量油，油至六成热时，将整条鱼放入锅中炸至两面金黄色捞出沥干油。

(3)坐锅点火，锅内留余油，倒入葱末、姜末、蒜末、香菇丝、肉丝翻炒，加入盐、鸡精、白糖、草鱼、生抽、胡椒粉、香油，稍焖一会儿，勾薄芡出锅即可。

注意事项：在烧鱼的过程中，尽量减少翻动，为防煳锅可以将锅端起轻轻晃动，这样鱼不易碎。

3．菜名：蒜茸豆腐菜胆

材料：莴苣8两(约320克)，蒜头(大)2瓣，豆酱2汤匙，油4汤匙，姜1片。

做法：

(1)莴苣洗净，修剪成菜胆，切开边，沥干水分。

(2)蒜头去衣拍裂，剁茸。

(3)菜胆放加盐的滚水中焯片刻。烧热油，爆香蒜茸、豆酱、姜，加菜胆炒拌，调味上碟。

4．菜名：虎皮尖椒

材料：肉厚的尖椒500克，海鲜酱油适量，花生油500毫升(实耗50毫升)。

做法：

(1)尖椒去蒂，稍微去多一点，以便入味，洗净，沥干水分。

(2)烧热炒锅，花生油下锅，大热，放尖椒入内，慢慢翻动，至尖椒转色、外皮泛白时，盛出沥干油分，放适量酱油即可。

注意事项：尖椒下锅时，千万注意油锅里会爆出油花，最好用锅盖挡住自己，手上戴上胶手套，以防烫伤。

5．菜名：回锅肉

主料：猪后腿的二刀肉370克，青蒜(青椒、蒜薹也可以)70克。

调料：大油25克，面酱12克，酱油、料酒各12克，白糖5克，豆瓣酱、葱各5克，味精3克。

做法：

(1)将肉切成4厘米宽的条，用开水煮熟改切成片，青蒜切成寸段。

(2)将白肉先下热油中煸炒至肉出油卷起，即加入豆瓣酱、面酱，炸出味后下青蒜和其他各种调料，再翻炒几下即成。

注意事项：成菜色泽红亮，肉片柔香，肥而不腻，味咸鲜微辣回甜，有浓郁的酱香味。

6.清蒸河蟹

主料：河蟹。

调料：香醋、姜、花椒。

做法：

(1)将姜洗净切成末，放在器皿中倒入香醋拌匀待用。

(2)将河蟹用水冲洗干净，放入蒸锅加入几粒花椒蒸7～8分钟取出，装入盘中蘸姜醋汁食即可。

注意事项：在清洗河蟹时，先把河蟹放入淡盐水中，促使它吐出腹内的污物，再放入清水中清洗，一般要清洗两三次。

7.广式蒸鱼

材料：鲜鱼1条(约600克，洗净、抹上少许盐)，姜6片(切丝)，葱3根(切丝)，香菜3根，热油3汤匙，李锦记蒸鱼豉油100毫升(6～8汤匙)。

做法：

(1)将姜丝放在鲜鱼上，水沸后蒸10分钟或至熟。

(2)倒去多余汁液，放上葱丝及香菜，淋上热油及李锦记蒸鱼豉油，趁热享用。

8.春饼卷菜

材料：面粉100克，水30克，圆白菜、火腿各50克，洋葱、荸荠各25克，盐2克，醋1克，姜片15克，香油50克。

做法：

(1)将圆白菜、洋葱、火腿、荸荠切片，并用沸水将圆白菜、洋葱烫一下捞出沥干水，然后放入火腿、香油、醋、盐拌匀。

(2)将面粉用水调匀，烙制成薄面饼。

(3)将拌匀的调料放在薄面饼上卷起即可食用。

9.正宗重庆辣子鸡

材料：整鸡一只或鸡腿一盒，花椒和干辣椒(1：4)，葱，熟芝麻，盐，味精，料酒，食用油，姜，蒜，白糖。

做法：

(1)将鸡切成小块，放盐和料酒拌匀后放入八成热的油锅中，炸至外表变干成深黄色后捞起待用。

(2)干辣椒和葱切成3厘米长的段，姜蒜切片。

(3)锅里烧油至七成热，倒入姜、蒜，炒出香味后倒入干辣椒和花椒，翻炒至气味开始呛鼻、油变黄后倒入炸好的鸡块，炒至鸡块均匀地分布在辣椒中后撒入葱段、味精、白糖、熟芝麻，炒匀后起锅即可。

三、主食制作

(一)煮米饭

(1)制作时要用不含矿物质的“软水”(比如煮开后的自来水或井水)，因为矿物质(尤其是钙)是淀粉“老化”的“催化剂”。

(2)刚做熟的米、面食品不要急于揭开锅盖，在关火后再焖5分钟左右，使水分能够均匀散布在米粒之间，吃起来口感很好。

(3)用高压锅做饭时做出的米、面食品的“老化”时间可延迟5小时以上。

(4)做米饭时加点植物油或糯米；做面食时加点油脂或食糖、蛋白质，均可延缓其“老化”过程。

提醒您：

做米饭时用热开水，和面时用冷开水或温开水。这样，由于水中矿物质已被沉淀，不再起催化老化的作用，从而可以延缓对主食中的淀粉的“老化”。

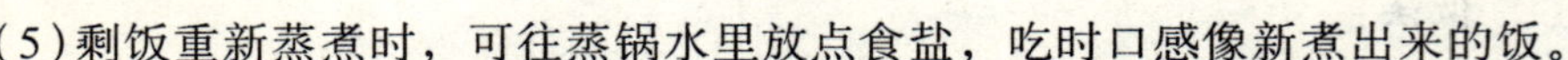

(5)剩饭重新蒸煮时，可往蒸锅水里放点食盐，吃时口感像新煮出来的饭。

(6)在煮饭水里加几滴色拉油，可使米饭粒粒晶莹。滴几滴柠檬汁，则可使饭粒柔软。要煮一锅蓬松的米饭，可在锅里撒一点盐。煮饭时加点醋能防米饭变馊。

(7)热剩饭时，在蒸锅水中加入少量盐可除去剩饭的异味。

(二)做馒头与蒸馒头

馒头是家庭常见的主食之一。怎样把馒头蒸制得既松软、又有筋力？窍门如下：

1.和面

(1)洗净双手与和面盆。

(2)在和面盆中放入二至三小碗水，根据需要可适量增减。

(3)在和面盆中放入适量酵母粉，用手搅拌均匀。

(4)用碗盛一大瓢白面，也可添加少许玉米面，一边倒入面盆中，一边用另一只手搅拌。

(5)一只手用力扶面盆边沿，另一只手用手背发力蹭盆子的边沿，直到盆边无黏着的面为止。

(6)搓双手，至双手无黏着面为止。

(7)双手用压手腕的力量挤压面块，反复倒腾，至面块柔软光滑。

(8)盖好和面盆，防止上面的面干燥。

(9)放置向阳的或温暖的地方三四个小时待用，以后的时间可以做其他的家务。

以上是和面工序，注意三光：盆光、手光、面光，15分钟可完成。

相关知识：

快速发面的窍门

1.巧配发酵剂

如果你事先没有发面而又急于做馒头，可用500克面粉加10克食醋、350克温水的比例发面，将其拌匀，发15分钟左右，再加小苏打约5克，揉到没有酸味为止。这样发面，蒸出的馒头又白又大。

2.用鲜酵母发面

将面粉用温水和好，再将化匀了的鲜酵母液倒入，把面揉匀后，放入盛器内令其自然发酵(天冷时可在盛器外包上棉絮)。约过5小时，面团发酸，向上拉成条状，即为发面。一般1～5千克面粉用一块鲜酵母即可。若要加快发酵过程，再加大鲜酵母用量。如发好的面酸味过重，可略加小苏打或碱水。

3.用酒加快发面

如果面还没有发好又急于蒸馒头时，可在面块上按一个坑窝，倒入少量白酒，用湿布捂几分钟即可发起。若仍发得不理想，可在馒头上屉

后，在蒸锅中间放一小杯白酒，这样蒸出的馒头照样松软好吃。

4．冬天用糖发面

冷天用发酵粉发面，加上一些白糖，可缩短发酵时间，效果更好。

5．以盐代碱发面

发好面后，以盐代碱揉面（每500克面放5克盐），既能去除发面的酸味，又可防止馒头发黄。

2．做馒头

(1)整理面板，要平整，干净干燥，放面扑，也就是案子上的底面。

(2)把发好的面连同面盆一起端上面板，把面倒在案子上，用手抓少量干面蹭面盆内底至干净为止，蹭下来的面与大块面放在一起。

(3)把面揉成长条状，左手把住面块右端，以四个指头并排的宽度为准左手左移，剁下一块，依次左移，注意不要伤着手。

(4)码好一块块面块，这时已成馒头的样子，注意用布盖好，放置两三分钟。

3．蒸馒头

(1)在饧馒头坯的同时，可做锅的整理。在锅里放入适量的冷水，投箅子或笼布，笼布平整放在箅子上等。

(2)把馒头坯放入整理好的箅子上，盖好锅盖。

(3)上火蒸，根据馒头坯个的大小，掌握时间为25分钟或30分钟。

(4)关火，等待一小会儿，可以开锅了。

蒸馒头要注意以下事项：

✓夏季用冷水和面，冬季用温水和面，冬季和面、发面应比夏季提前1～2小时。和面时要慎加水。

✓和面要多搓揉几遍，促使面粉里的淀粉和蛋白质充分吸收水分，和好的面团要保持一定的温度，以30℃为宜。

✓当面已涨发时，要掌握好发酵的程度。

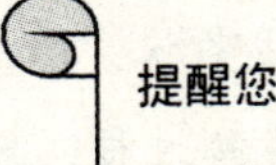

提醒您：

如果在发面里揉进一小块猪油，蒸出来的馒头不仅松软、洁白，而且味香可口。

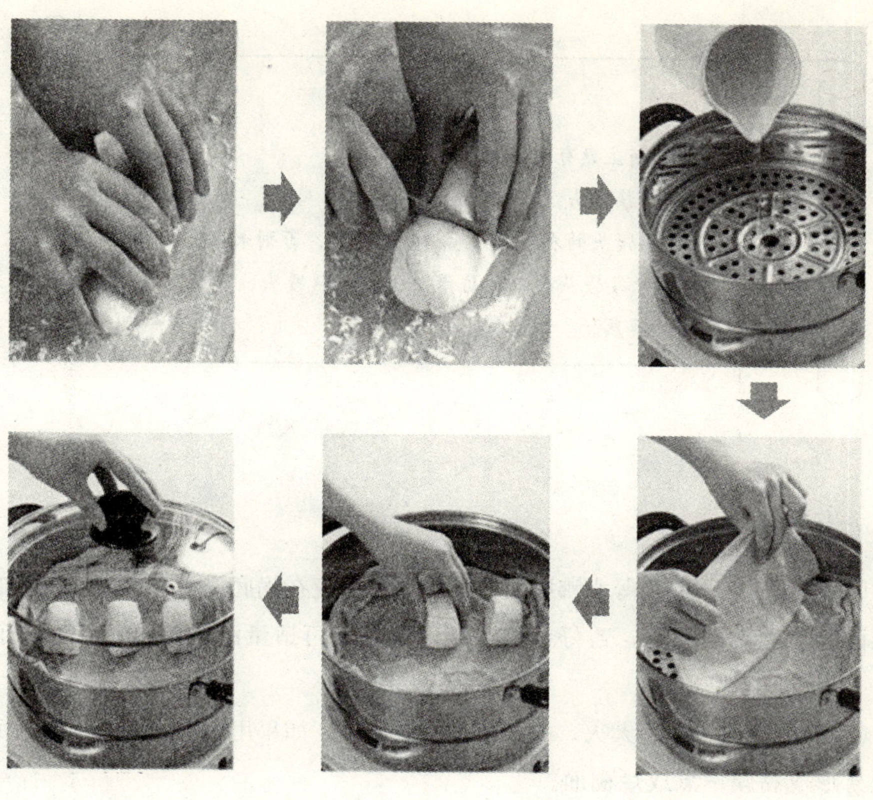

蒸馒头步骤示意图

如见面团中已呈蜂窝状，有许多小孔，说明已经发酵好。蜂窝状面体的孔越大，说明酵发得越老，甚至要发过头了。

✓蒸馒头时，锅内须用冷水加热，逐渐升温，使馒头坯均匀受热。切忌图快一开始就用热水或开水蒸馒头，这样蒸制的馒头容易夹生。

✓笼屉与锅口相接处不能漏气，有漏气处须用湿布堵严。用铝锅蒸时锅盖要盖紧。

✓馒头蒸熟后不要急于卸笼，先把笼屉上盖揭开，再继续蒸3～5分钟，最上层一屉馒头皮很快就会干结，再把它卸下来翻扣到案板上，取下笼布。这时的馒头既不粘笼布，也不粘案板。稍等1分钟再卸下第二屉，依次卸完。这样，馒头光净卫生，又不浪费。

提醒您：

蒸馒头判断生熟有以下几种方法：

(1)用手轻拍馒头，有弹性即熟。

(2)撕一块馒头的表皮，如能揭开皮即熟，否则未熟。

(3)手指轻按馒头后，凹坑很快平复为熟馒头，凹陷下去不复原的，说明还没蒸熟。

(三)煮面条

(1)煮挂面时不应当等水沸腾了再下挂面，而应在锅底里有小气泡往上冒时就下挂面，然后搅动几下，盖好盖，等锅内水开了再适量添些凉水，等水沸了即熟。

(2)煮挂面时不要用大火。因为挂面本身很干，如果用大火煮，水太热，面条表面易形成黏膜，煮成烂糊面。

(3)中火煮，随开随点些凉水，使面条均匀受热。

(四)包饺子和煮饺子

1.和面

(1)温开水一杯，水里放些许盐，面粉里放鸡蛋一个。

(2)水要徐徐地倒入盆中，用筷子不停地搅动，感觉没有干面粉都成面疙瘩的时候，就可以下手干活了，揉面要用力，揉到面的表面很光滑就好，这时面光盆光手光是最佳境界。

面粉里加鸡蛋，则煮饺子时不易破

(3)和面要提前，因为要有“饧”的过程，最好早上和好，下午包。

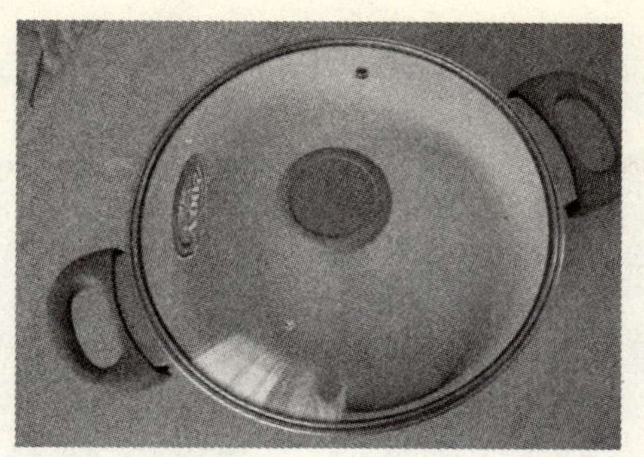

面锅最好要盖盖，防止水分蒸发

2.拌馅

(1)如果四个人吃，大约一斤肉馅即可。馅里放盐、味精、姜末、酱油、料酒、香油、水(高汤最好)，还可以加点胡椒粉什么的，可根据雇主家的口味来加。

(2)顺时针搅拌，感觉所有的东西都融合在一起即可。

注意：拌好的肉馅放半个小时为好，叫煨。这时肉和作料融合在一起，比较好吃。

煨肉馅

(3)选择你喜欢的蔬菜，一般用大白菜加些许韭菜。韭菜切成小粒，大白菜则要剁了。

(4)最后感觉菜很稀的样子时，用纱布把水挤干，和韭菜一起放入肉中搅拌，最好尝一尝味道咸淡。

3.揪面团

(1)取出饧好的面团，大致分成四份(几份都可以，只要是等份)，这样可以避免包的过程面皮干了。

(2)先拿一份，剩下的放回盆中，用盖子盖好，或者用毛巾盖，防止水分蒸发。

(3)将这一小份面团，揉成长条状(圆柱形)，用刀切成小段(宽度2.5厘米大小)，也可用手揪。用刀切时，要注意每切一刀后将面团转个方向为好。

4.擀皮

把醒好的面团分成几份

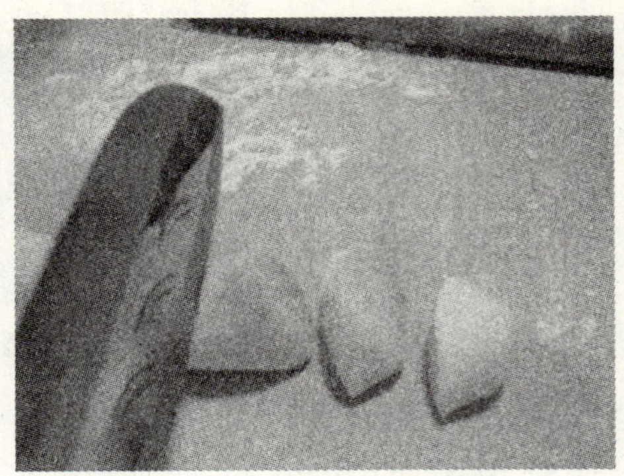

将小面粉团切成小段

(1)这时桌上有很多切好的小面段，手搓成扁平状，样子有点像飞碟。

(2)拿擀面杖擀的时候，注意中间厚边缘薄，中间厚防止饺子馅漏，边缘薄吃起来口感好。

饺子皮不要一下擀很多，看包饺子的速度，一般富余五六个即可，要不时间长皮干了就不好包了。

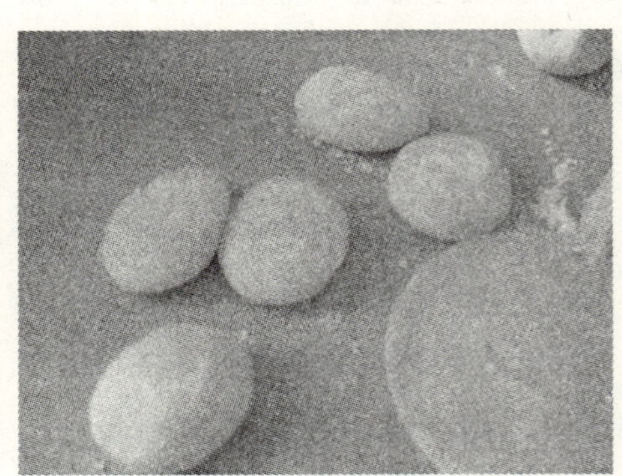

擀饺子皮

5.包饺子

(1)将饺子馅放入皮中央，如果技术不熟练的话，不要放太多馅。

(2)先捏中央，再捏两边，然后由中间向两边将饺子皮边缘挤一下，这样饺子下锅煮时就不会漏汤了。

(3)找个大盘子，北方人一般用盖帘(竹子做的)，将包好的饺子整齐地码放在上面。

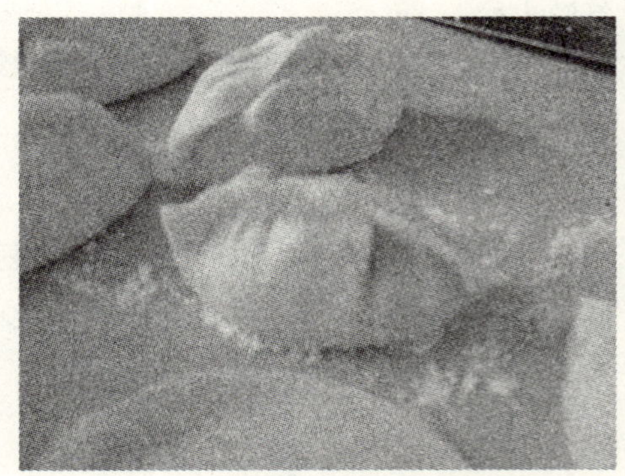

每个饺子做好时，要在饺子底部沾少许面，防止饺子粘在盘子中

6.煮饺子

(1)煮饺子的水要多，要加适量盐，

增加饺子皮的耐煮力。

(2)水沸了才放饺子下锅，煮的过程中要不时充分搅拌，以防止饺子粘锅。

(3)不要让水沸腾得太厉害，否则饺子容易破掉，可在水开后，添入少许凉水，待水开后再加凉水，如此反复三次便可。

(4)煮速冻饺子要观察饺子的形态，饺子下锅后会慢慢变软，如果饺子漂浮在水面上，饺子皮凹凸不平，则表示饺子已熟。

(5)速冻饺子冻的时间太长，饺子皮的水分会蒸发掉，饺子不容易煮熟，还会有点夹生，不宜用大火猛煮，要用中小火慢慢煮透饺子。

等水沸腾时将饺子放入，及时地搅动(顺时针)以防止饺子粘锅

四、一般家庭膳食计划

家庭膳食计划，是指每天应选择哪些食物，每种食物摄取多少，才能满足家庭成员对营养素的需要。

(一)饮食健康金字塔

为确保能从各类食物中吸取足够营养，最佳方法是按照食物金字塔的指引选取食物。食物金字塔如下图所示，展示了各食物组别每天最少要进食的量。这个量会随热量的需要而增加。

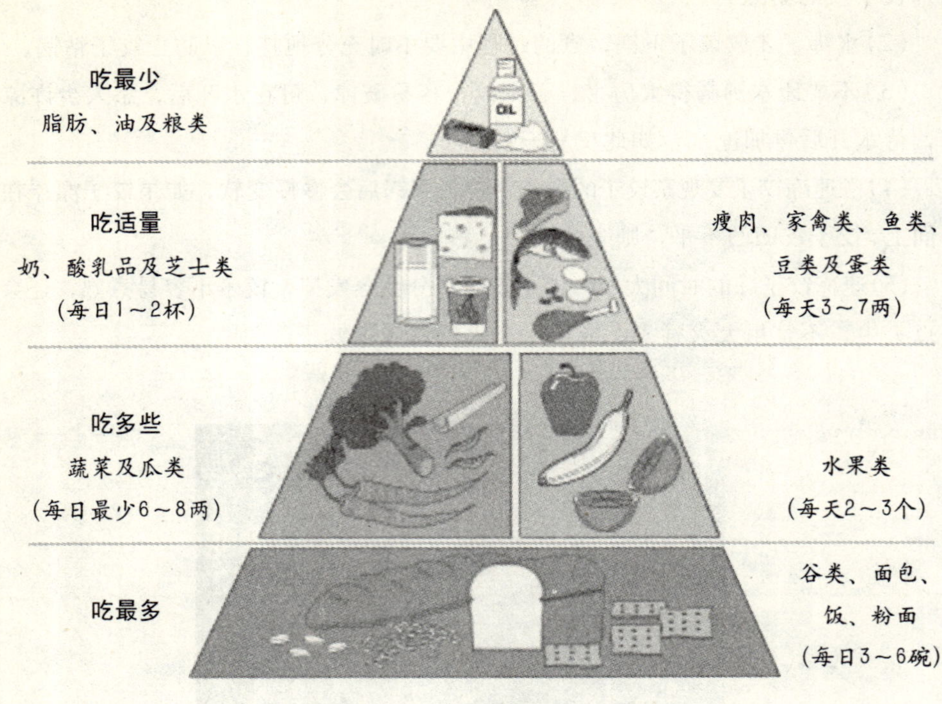

食物金字塔

1. 吃最多：五谷类

如米饭、粉面、面包、饼干、通心粉等，供应热量，活动多的人需求较大。

2. 吃多些：蔬菜瓜果类

如西洋菜、生菜、白菜、芥兰、菠菜、豆角、番茄、苹果、芒果、菇类等。供应纤维素、维生素、矿物质，增强身体抵抗力，及防止便秘。

3. 吃适量

(1)肉类、蛋类及豆品类：如猪肉、牛肉、鸡肉、鱼、虾、蛋、肝及豆类食物等，供应蛋白质以供生长、细胞修补及维持体内新陈代谢之需。肉类、蛋类、肝类、豆腐、干豆更含铁质、其他矿物质及维生素等。

(2)奶品类：如鲜奶、奶粉、芝士及乳酪等，含丰富蛋白质、钙质及维生素B_2，保持骨骼及牙齿健康。

4. 吃最少

油、盐及糖类：每人每餐所用食油量为2茶匙。

（二）不同年龄人士的营养需要

不同年龄人士的营养需要如下表：

不同年龄人士的营养需要（每天）

年龄	热量（卡路里）	五谷类（中号碗）	水果类（份）	蔬菜类/豆类（两）	肉、蛋（两）	奶品类（杯）
1～3岁	900～1 000	1～2	1	2～4	1～2	2～3
3～6岁	1 000～1 200	2～3	1	4～6	2～3	2～3
6～12岁	1 200～1 800	3～4	1～2	4～6	3～5	2
12～18岁	1 800～2 800	3～6	2	6～8	5～6	2
成人	1 500～2 500	3～6	2～3	6～8	5～6	1～2
老年人	1 200～1 800	3～4	2～3	6～8	4～5	1～2

（三）如何达到饮食均衡

膳食计划是方法之一。制定膳食计划的要求为：

(1)配合家庭需要，主要依据：

✓年龄。

✓性别。

✓职业。

✓健康状态。

✓饮食习惯。

(2)采取适当的烹调方法。

(3)配合时令及气候。

(4)配合家庭经济状况。

(5)食物配搭：避免一餐内用同一种材料做多款菜。

（四）预防疾病的食物

1.植物元素

许多蔬菜的颜色由植物化学元素而来，而这些植物化学元素能抑制癌物质的

活动，或通过防止氧化及改变荷尔蒙的反应，来帮助防止疾病的形成。如：

(1)马铃薯和花椰菜中的植物元素：防止导致老人视力退化及失明斑点的形成。

(2)蓝莓、葡萄和茄子中的植物元素：能令血管扩张，减低中风和心脏病发的机会。

(3)绿茶及中国茶中的植物元素：有助于降低血压及胆固醇。

(4)黄豆中的植物元素：有助于防止患上心脏病、乳癌及降低血液中的胆固醇。

(5)大蒜和葱蒜类如洋葱、韭菜等中的植物元素：能抗菌消炎，阻断致癌物质合成，有防癌功能。

(6)西兰花、包心菜和花椰菜中的植物元素：含抑制破坏DNA的抗氧化混合物，有防癌功能。

所以，在饮食中应多安排一些不同颜色及类别的蔬果。

2.高钙食物

高钙食物如奶类，豆品类，蔬菜类如菠菜、西兰花、白菜、金针菇、云耳、花椰菜、海带、紫菜、莲藕及豆类，硬壳果类，干果类，鱼类及海产类如泥鳅、沙甸鱼(连骨)、白饭鱼(连骨)、三文鱼、小鱼干和碎鲮鱼肉。

> **提醒您：**
>
> 人体对钙质需求甚大，尤其是女性，来保持牙齿及骨骼健康。

(五)素食者的饮食配搭

为确保素食者能吸收较佳营养，餐单编排仍以健康饮食金字塔为依据。

豆类：红豆、绿豆、马豆、眉豆、黄豆(含完全蛋白质种子)。

果仁类：腰果、花生、核桃、杏仁、芝麻、莲子。

杂物类：大、小麦及其制品，如米、麦片、面包、饼干、粟米。

第三节　家居保洁

一、居室清洁卫生

(一)房间清洁程序

1.保证光线合适

打开窗帘或开灯，以便有充足光线，方便工作。要勤开窗，使空气流通。

2.收集垃圾及餐具

戴上手套将大垃圾拾去，清倒废纸箱。有杯碟、烟灰缸等物拿去厨房清洗。将脏床单及枕头套收去。

3.擦尘及擦玻璃

边打扫边收拾。将衣物挂好或叠好，铺床，将物品安放整齐或放回原处(参看以下清洁打扫之要领)。

4.吸尘

由内至外。

5.清洁地板或地砖

清洁打扫之要领：

(1)分区分件。

(2)由上至下。

(3)顺时针或逆时针方向。

(4)由内至外。

(二)房间及客厅擦尘的方法

1.工具

擦尘布(一块湿的、一块干的)、擦镜布、一瓶调稀的清洁剂、一瓶家具打蜡水、一瓶玻璃水。

2. 方法

由房门开始，按顺时针或逆时针方向进行擦尘。

先把湿布叠好擦尘，从左而右，由上而下，最后用干布擦干。

提醒您：

因玻璃窗多位于高处，可先用玻璃水和擦镜布清洁窗及其他玻璃物品，然后才进行其他物品擦尘。

3. 清洁家具物品的位置

房门：门顶、门框、正门内外、门锁、门档。

衣柜：衣柜面四周、衣架杆、衣架、衣柜地板、衣柜门内外。

镜子：从左至右，由上至下，再擦四周。

床头柜、梳妆台：面、侧、抽屉。

梳妆椅：椅垫、椅柜、椅脚。

电视机：顶、背、侧(按键、底部)。

电视机柜：面、侧、抽屉。

沙发椅：垫边、垫座。

咖啡台：面、底、脚。

地灯：灯罩顶、灯泡、灯杆、灯座。

窗台：玻璃、窗框、窗台。

床头板：顶、侧。

床头灯：灯罩、灯泡、灯座。

床头柜：面、侧、抽屉。

电话：接收器、机身、电线、按键。

壁画：画框、画面。

4. 注意事项

(1)如墙身，特别是近天花板处墙身及空调室内机正对的墙身，有积尘要先清洁扫净，然后再铺床及擦尘。

(2)擦尘的同时可跟进以下工作：

✓家具有污渍时用调稀的清洁剂处理。

✓将乱放的物品放回原位。

(3)定期大清洁以下地方：

✓天花灯罩。

✓空调室内机隔尘网或风扇。

✓窗帘（吸尘或拆下洗洁）。

✓地脚线（擦尘或吸尘）。

✓按雇主要求擦家具及装饰摆设。

（三）地板的处理

1.地毯

（1）用布把吸尘器不能吸到的地毯边擦干净，然后用吸尘器把床底及家具底吸干净。

（2）如果家具被移动过，应把它放回原来位置。

（3）吸尘时应从房间内往外吸。

（4）地毯如有污渍，应用刷子清洁，连接门下的地毯应常清洁确保洁净。

相关知识：

几种特殊情况的处理

1.压痕

地毯长期被重物压住，会形成压痕，可用蒸汽熨斗喷蒸汽在有压痕的地方，再用软毛刷不断拭刷，地毯慢慢就可恢复弹力。

2.香口胶

切勿强行撕起粘在地毯上的香口胶，应用胶袋盛放冰块把香口胶冷却成硬块，便可以把整块香口胶除去，然后用干洗的地毯清洁剂清洁，再用软毛刷把地毯毛刷松。

3.漂白水

若不小心将含有漂白成分的清洁剂滴在地毯上，应立即用厕纸把液体吸干，然后任其风干。注意不可将湿处抹开，也不能用湿布抹地毯，因为这样做只会令范围扩大。

2.木地板

(1)木地板只需经常吸尘，用湿布抹擦，然后用干布抹干，足以保持清洁。

(2)不要用水浸渍木地板，也不要用很热的水洗，因为木板渗水后会发胀，会软化木材，水洗后干透可能会破裂。

3.大理石

只需勤于吸尘和用水抹去污渍便可。千万不能用绿水拖地，不然会破坏地砖的保护层。

4.瓷砖

吸尘和用净板素或绿水拖地清洁。

5.胶地板

吸尘，利用净板素或绿水拖地清洁。

二、浴室清洁卫生

(一)浴室清洁程序

(1)携带工具进入浴室时，应开启排气扇或窗门，开启适量的电灯。

(2)观察整个浴室有否特别情况或特别要留意的地方。

(3)收集垃圾。

(4)吸尘或扫地，地面上如留有毛发，采取用手取等方法予以清除。

(5)清洁水箱。

(6)将清洁剂倒入座厕漂浸。

(7)擦窗门玻璃及镜。

(8)清洁浴缸、浴帘及浴缸附近的墙身。

(9)擦浴室门及门框。

(10)擦电热水器外壳。

(11)清洁座厕。

(12)清洁洗手盆。

(13)清洁地面。

(二)浴室清洁方法

1.工具

浴室清洁剂、座厕清洁剂、洁而亮、抹布（干布及湿布各一条）、玻璃水、擦镜布、厕刷、牙刷、手套、地拖、水桶、吸尘器或扫把。

2．浴室清洁方法

浴室清洁方法如下表所示：

浴室清洁方法与步骤

序号	部位/器物	清洁步骤和方法
1	座厕	步骤1：将小量座厕清洁剂倒进座厕里，应漂浸一段时间 步骤2：用浴室清洁剂及湿布擦水箱面，用干布擦干 步骤3：喷浴室清洁剂在座厕板及整个座厕外面，再用百洁布洗擦，用湿布过水，然后用干布擦干厕板 步骤4：用刷子洗擦座厕内四周和小孔，要特别注意厕内污聚的黄渍，把座厕内冲洗干净，擦干外面，并检查座厕是否运作正常，盖好厕板
2	座厕水箱	约两星期清洗水箱一次。其步骤为： 步骤1：先关进水开关，将水箱盖平放一旁 步骤2：戴手套搅动水箱水，使沉淀物浮起，再按手柄，把污水冲去 步骤3：喷浴室清洁剂及用百洁布洗刷 步骤4：打开进水开关冲去污水 步骤 5：把盖放回原处，喷浴室清洁剂在水箱外，用湿布擦干净，再由干布擦干
3	洗脸盆/浴缸	步骤1：先清洁出水孔活塞，清除附在上面的废物，如头发 步骤2：用浴室清洁剂把洗脸盆/浴缸及肥皂盛皿内外清洁干净 步骤3：过水后，擦干水龙头及洗脸盆/浴缸 步骤4：清洁浴缸时，可用厚毛巾垫着双膝跪在浴缸外，以方便工作而不会劳损腰骨
4	浴帘	步骤1：用清水把浴帘清洗干净，浴帘脚可浸在水桶内清洗 步骤2：擦干，并将之打开，避免发霉
5	电热水器	步骤1：把所有电热器擦干净，包括灯饰、面纸盖、毛巾架、沐浴器、浴帘杆、水喉开关及水龙头等 步骤2：用干布擦干
6	墙壁及地面	步骤1：用清洁剂及湿布擦干净 步骤2：用干布擦干

3. 注意事项

(1) 在清洁的同时将乱放的物品放回原位(边打扫边收拾)。

(2) 定期大清洁以下地方:

✓天花灯罩。

✓排气扇。

✓浴室的墙身。

✓浴缸及洗手盆的边位(漂白)。

✓各出水口及储水塞。

✓装饰及摆设物品。

✓浴室地面。

三、厨房清洁卫生

(一) 厨房清洁基本要求

做好厨房卫生应从下述几个方面着手:

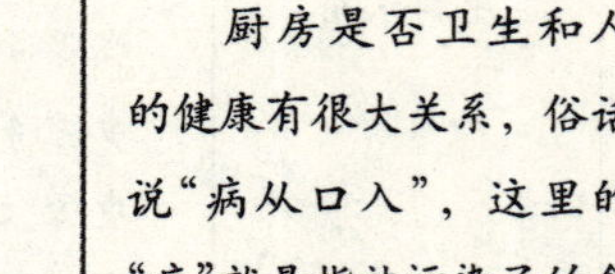
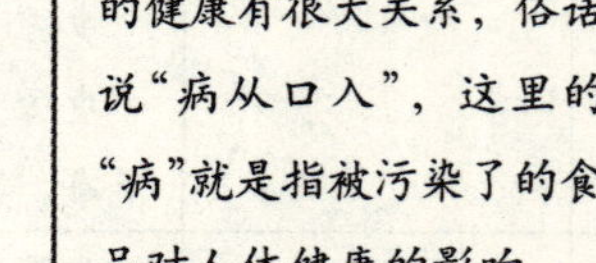

提醒您:

厨房是否卫生和人的健康有很大关系,俗话说"病从口入",这里的"病"就是指被污染了的食品对人体健康的影响。

(1) 经常保持厨房内外的环境卫生,注意通风换气,及时清扫垃圾污物。若厨房门窗是直接通向户外,要注意随时关好门窗和纱窗,保障安全。

(2) 厨房家具、炊具、餐具要经常清洗、消毒。

(3) 各种调料、鲜菜、鲜肉要妥善存放,防止串味变质。

(4) 剩饭、剩菜应放在通风阴凉处,不要存放时间过长,食用前要重新加热馏透。米袋、面袋要注意防潮。

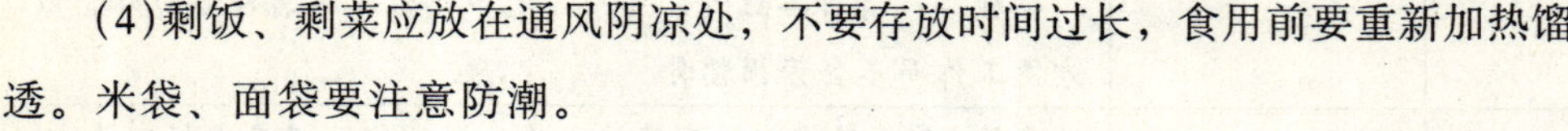

(二) 煤气灶具的清洁

(1) 做到随用随擦,这是最简便省力的方法。

(2) 做饭菜时若有馅汁、油污、汤汁粘到灶具上,可随手用抹布或废报纸类擦拭。

(3) 若煤气灶具上已积有许多污垢,可先用面汤、淘米水等泡洗再清理。

（三）餐饮用具清洁卫生

收拾餐具应本着用时拿取、用后收放的原则，不乱堆砌，不拖时间，用一件拾掇一件，省时又省力。

1．餐具的摆放应分门别类

（1）盘与盘放在一起，碗与碗放在一起，同类型的餐具按照大小及形状顺序放好，以免磕碰。

（2）根据餐具用途分别摆放，经常用的放在橱柜外面，伸手就能拿到，不经常用的放在里面，随用随拿。

（3）摆放餐具时应尊重雇主家的摆放习惯，避免你不在时，雇主不容易拿取使用。

2．炊具、餐具用后要洗涤干净

（1）对于无油腻的，可以直接用清水冲洗，油腻较多的餐具可用去油剂浸泡洗净。

（2）餐具上的油腻使用洗涤剂清洗往往很难洗净，可用去污粉反复擦洗。

（3）婴幼儿、病人、客人用过的碗筷，应煮沸消毒。

（4）洗涤的顺序应遵循小孩用的餐具单独洗，随后先洗不带油的，后洗带油的顺序，先洗小件，后洗大件，先洗碗筷，后洗锅盆。下表是各种餐具的清洗方法：

各种炊具、餐具的清洗方法

序号	餐具类别	清洗方法
1	瓷制餐具	一般用洗涤剂或去污粉便可清洗干净
2	铁制炊具、餐具	因其容易生锈，用完马上清洗，可直接在水龙头下用炊帚刷洗。如果铁锅有腥味，可以在锅内放些菜叶加水煮开，倒掉水冲净即可除腥。铁锅洗净后要用净布擦干以免生锈
3	不锈钢炊具、餐具	用过后要及时洗净、擦干，放在通风干燥处晾干，不要使其受潮，更不宜用水长时间浸泡。对有水迹的餐具，最好不要让其自行干透，应及时用软布擦去水迹；不要用硬质物擦洗餐具，以免划伤餐具
4	铝制品炊具、餐具	可趁热擦洗。操作时注意防止烫伤，可用旧报纸或湿布去擦表面污物，经常擦可使铝制品明亮如新，但切忌用盐水或碱水擦洗

3．烹饪后的油锅要及时清洗

(1)可将油锅直接用淘米水、碱水或洗涤灵之类的去油剂浸泡刷洗，再用清水冲洗干净。

(2)也可以用些清水放在锅内煮开趁热冲洗。

(3)刚炒完菜的油锅也可直接放在水龙头下，趁锅热放清水冲洗干净。

(四)厨房清洁小诀窍

1．瓷砖清洁

(1)在瓷砖上铺上卫生纸或纸巾，上面喷洒清洁剂再放置一会儿，然后将卫生纸撕掉，再用干净的抹布蘸清水擦一两次，瓷砖即可焕然一新。

(2)对于油污较重的瓷砖，可将卫生纸或纸巾贴在瓷砖上过一晚，或用棉布取代卫生纸，等油渍被纸巾充分吸收后，再用湿布擦。

(3)瓷砖缝等较难清洗的地方，则可以借助旧牙刷，这样洗较省力。

2．煤气炉清洁

(1)火架。被油或汤汁弄脏炉上的火架，就算用清洁剂来处理，也不见得能弄干净，不妨用水煮火架。先盛满一大锅水，然后放入火架。待水热后，顽垢会被分解而自然脱落。

(2)火架的瓦斯孔。火架的瓦斯孔也经常被汤汁等污垢堵住，造成气体不完全燃烧。所以最好每周用牙签清理空穴一次，或者用黏稠的米汤涂在灶具上，待米汤结痂干燥后，用铁片轻刮，油污就会随米汤结痂一起除去。如用较稀的米汤直接清洗，效果也不错。

3．灶台清洁

(1)把百洁布在啤酒中浸泡一会儿，然后擦拭有顽渍的灶台，灶台即可光亮如新。擦拭时，还应更换擦拭面。

(2)或者使用剩下的萝卜或黄瓜碎屑蘸清洁剂刷洗，之后再用清水冲洗一遍，除污效果也很好。

4．玻璃清洁

(1)可将适量的食醋加热，然后用抹布蘸微热的食醋擦洗，油污很容易就会“跑掉”。

(2)或者先用抹布蘸白酒擦拭一遍，窗户上的油污就可轻松除去，再用废报纸进行二次“加工”，玻璃就会变得很透亮了。

5．水龙头清洁

(1)如果发现水龙头上有难以清除的水渍，可以将一片新鲜的柠檬片在水龙头上转圈擦拭几次，便能清除。

(2)也可以用橙皮带颜色的一面，无需大力搓，水龙头上的顽渍就能轻松除去了。

四、不同性质污渍的处理

(一)微波炉有异味

可用一杯水加几匙柠檬汁煮5分钟，再用干布抹干。

(二)洗手盆胶边发黑

用棉花浸湿漂白水贴在发黑的胶边上，等待2～3小时直至漂白后，再用清水洗净。

(三)瓦煲烧焦

用清水浸软烧焦部分，再用钢丝球加洗洁精擦洗(千万不要把烫热的煲即时用冷水冲或浸洗，如果这样，煲会爆裂开)。

(四)抹布或茶杯有顽固污渍

用厨房清洁液加开水浸泡，待漂去污渍后再用清水过清。

(五)茶壶、热水瓶、电热壶有水垢

用水垢清洁剂倒入容器内，注入热水。几分钟后待水垢脱落，再用清水洗净。

(六)天花板有灰尘

将丝袜从天花板中央扫向墙身，因丝袜会产生静电能吸取灰尘，若是有明显污渍，用钢丝球或细砂纸轻磨表面。千万不要用湿布，这样容易留下污渍。

第四节　衣物的洗涤、晾晒与摆放

一、不同质料衣物的处理方法及保养常识

(一)常见质料名称中英文对照

常见质料名称中英文对照如下表所示：

常见质料名称中英文对照

中文名称	英文名称
棉	Cotton
麻	Linen
羊毛	Wool
丝	Silk
人造丝	Rayon
尼龙	Nylon
聚酯纤维	Polyester
丙烯酸纤维	Acrylic
醋酸纤维	Acetate
真皮	Realleather
人造皮	Syntheticleather
丝绒或天鹅绒	Velourorvelvet

(二)常见衣物护理标签

一般衣物上均附有质料及护理标签，提醒消费者要注意清洁时的处理程序。

下表重点介绍常见洗衣标志：

洗衣标签

标志符号	说明	标志符号	说明
30	可以水洗，30 表示洗涤水温 30℃，一般水温分别为 30℃、40℃、50℃、60℃、70℃、95℃等	30	可以用 30℃水洗
	只能用手洗，勿用洗衣机		不可用水洗涤
	洗后不可拧绞	干洗	可以干洗（常规干洗）
干洗	可以干洗（缓和干洗）		切勿用洗衣机洗涤
Cl	可以使用含氯的漂白剂	Cl	不得用含氯的漂白剂
	不可干洗		可转笼翻转干燥
	不可转笼翻转干燥		

（三）常用的衣物清洁剂及其用途

洗衣物时，必须针对不同的质料使用适当的清洁剂（见下表），这样，才可以达到最理想的清洁效果。

常见衣物清洁剂及其用途

序号	清洁剂	用途
1	洗衣皂	洗刷衣领和袖口的污渍
2	洗衣液	用于洗质料精细的衣物，如丝料、毛料和婴儿衣服等
3	生物清洁剂	可除去衣物上的蛋白质污渍，除去衣物上较顽固的污渍和油渍
4	强力洗衣粉	用于一般的家庭，可除去衣物上较顽固的污渍和油渍
5	漂白水	一种强力的漂白剂，使用时必须稀释，并且要戴上手套，以免伤害皮肤。衣物洗涤标签上有 Cl 符号的衣物可使用这种漂白剂，一般只适用于未经防缩防皱处理的白色棉质或麻质衣物
6	预洗剂	沾有顽固污渍的衣物可先在污渍上喷上预洗剂。约 5 分钟后再依照一般的方法洗涤，顽固污渍便很容易清除
7	衣物柔顺剂	有液体剂和片状剂，在洗衣的最后一次过水时加入，使衣物的纤维松软，晾干后柔顺易熨，并且减低衣物的静电作用。特别适合毛、丝和棉质衣料的衣物

二、衣物处理方法及洗熨技巧

(一)洗衣前的准备工作

1.整理衣物

不论用手洗还是机洗，请先按照下列方式准备就绪：

(1)将清洗时容易伤害到其他衣物的拉链、纽扣、铜丝、钩扣等扣好。

(2)将松散或掉落的扣子钉上，修补好裂缝。

(3)将口袋里的东西掏干净。

(4)刷去污物，尤其是干泥。毛发可以用胶带去除，只要将一条胶带按在衣服上，再撕下来，毛发就会被它粘落。

(5)将丝带、围裙带等各种线带把平。

(6)如果老是丢失短袜，可事先用衣夹将每双夹在一起。

(7)颜色相同及洗衣程序相同的衣服各自归类。

(8)如果衣服没附处理标签，最好将它放在慢速循环的冷水中搅拌，或以手洗，或根据经验选择性送去干洗。

2. 测试衣料会不会褪色

将新的衣物与其他颜色的衣物混在一起洗前，应先试它会不会褪色，可以测试衣服较隐秘的地方，如腋下或衣角的缝块。步骤如下：

(1)将一团棉花或棉纸弄湿，放在衣物上5分钟。

(2)如果棉花或棉纸染上任何颜色，则将衣物个别洗或干洗。

(3)颜色没扩散的话，只要你不是用最热的水洗，就可以与白色或其他颜色的衣物一起洗。

3. 预洗

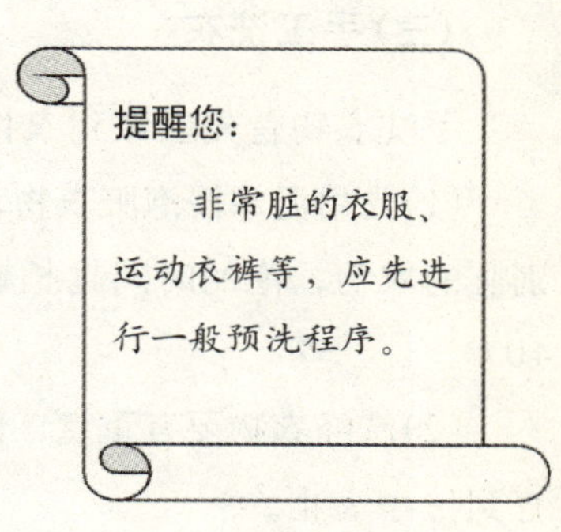

仔细翻看每件衣服，必要时需先处理污渍。市面上有很多厂牌的去渍品，在洗涤前可以除去大部分的污渍。你可以用液体喷剂或一种特殊的肥皂棒擦在污渍上，对付衣领和袖口上的污渍，如化妆品、调味酱、酒、亮光蜡、发胶、化学药品、蛋、咖啡、沙土、面霜等。也可以用粉笔用力擦，因为粉笔可以吸油，一般油渍去除后，污积很快就可以除去。

4. 浸泡

(1)较为有效的预洗方式是在洗涤前，将衣服浸泡在洗涤剂中一段时间。

(2)对于顽性的渍痕，在浸泡前先擦上洗涤剂。

(3)把衣服放入水槽里或使用液体清洁剂时，确定让清洁剂完全溶解。

(4)不要将白色和有色的衣物泡在一起。

(5)丝、羊毛、皮革、耐火织物、会褪色或只能晾干、不能烘干的衣服不浸泡。

(二)不宜用洗衣机洗的衣物的洗法

洗衣时，你千万不要把所有的衣物丢到洗衣机里去洗，因为有些衣物是不能用洗衣机洗的，否则将得不偿失，不宜用洗衣机洗的衣物应采取妥善的方法，如下：

1. 丝绸衣物

丝绸衣物脏了，可放在冷水中加洗涤剂，用手反复揉搓几次就可以了。

2. 嵌丝衣料服装

只宜放在35 ℃左右的中性肥皂液或合成洗涤液中浸泡，泡透后用手翻动几

次，待脏物洗掉后用清水漂洗，挂在衣架上，让其自然滴水晾干即可。

3.毛料衣服

毛料衣服宜干洗，不宜在洗衣桶中水洗。

4.沾有汽油的工作服

这类衣物万万不可在洗衣机内洗。这是因为汽油易燃、易爆，不但油污扩散后污染、腐蚀洗衣机，还有可能因运转中的洗衣机出现打火现象而引起爆炸。

（三）手工洗衣

手洗衣物首先应做到衣物勤洗、勤换。正确的洗涤方法是：

(1)先用温水浸泡脏衣物，但不宜浸泡时间过长，让衣物充分湿透，尤其是特别脏的衣物，泡的时间越长越难清洗。衣物一般浸泡15分钟左右，水温不超过40℃。

(2)洗涤衣物要有重点，像领口、袖口比较脏，应多加些洗涤剂，重点揉搓，直到洗净为止。

（四）洗衣机洗衣

(1)按照衣物的新旧程度和织物牢固度分开洗，不同质地的衣物不要混在一起洗涤。

(2)洗衣时要做到三先三后：

✓先洗浅色衣物，再洗深色衣物。

✓先洗牢固度强的衣物，再洗牢固度差的衣物。

✓先洗新衣物，再洗旧衣物。

（五）衣物干洗

这项工作通常由雇主本人完成，若委托给家庭服务员来做，那么你应注意做好以下工作：

(1)要选择信誉好的干洗店。你可以向雇主询问去哪一家干洗店。

(2)送衣物前要翻看一下衣物的口袋，以确保没有东西。

(3)送衣物时要和干洗店的工作人员一起仔细检查衣物较脏的部位及磨损程度。

(4)收好干洗衣物的收条。

(5)按时去干洗店拿衣物。

（6）拿衣物时要仔细检查衣物清洗的效果及其他问题（包括衣物的颜色、光泽、磨损程度等）。

（六）衣物污渍的去除

衣物污渍可归纳成四大类别，去除方法见下表。

衣物污渍的类别及去渍法

污渍类别	污渍	去渍法
蛋白质污渍	•血渍 •肉汁渍 •蛋渍 •奶渍 •可可渍	1.在污渍未干透时，先用冷水揉洗，然后用温和的洗衣粉溶液洗净 2.已干透的污渍，可先用水浸湿，然后用少量食盐擦洗，再用洗衣粉溶液洗净 3.注意切勿用热水冲洗，否则蛋白质会凝固，使污渍更难清除 4.用生物浸洁剂清除蛋白质污渍的效果最好
酸性污渍	•果汁渍 •酒渍 •果酱渍 •醋渍 •汗渍 •尿渍	1.未干透的污渍，可用温水冲洗 2.已干透的污渍，可用硼砂溶液洗擦，然后用一般的洗净方法处理 3.也可以使用碱性去渍剂，如 1 份亚摩尼亚混合 4 份清水的溶液
油污性质	•油渍 •油漆渍 •唇膏印 •鞋油渍	1.在污渍的正反两面各铺上一张吸墨纸，然后用高温熨斗在吸墨纸上熨压，待油渍被吸墨纸吸净之后再洗净 2.对顽固的污渍，可选用较强力的去污剂，如松节油、天拿水、工业酒精拭擦，然后用一般的洗净方法洗净
其他污渍	•原子笔渍 •香口胶渍	1.对原子笔渍，可用柠檬汁拭擦，然后浸在冷水中洗刷干净。对于顽固的污渍，去渍法与清除油性污渍的方法相同 2.香口胶渍可先用蛋白浸透，或用冰块放在上面待其硬化，然后用刀尽量刮除，余下的污渍的处理，与清除油性污渍的方法相同

三、晾晒衣物的技巧

（一）丝绸服装

（1）洗好后要放在阴凉通风处自然晾干，并且最好反面朝外。

（2）切忌用火烘烤丝绸服装。

（二）纯棉、棉麻类服装

这类服装一般都可放在阳光下直接摊晒，因为这类纤维在日光下强度几乎不下降，或稍有下降但不会变形。不过，为了避免褪色，最好反面朝外。

（三）化纤类衣服

化纤衣服洗毕，不宜在日光下曝晒。因为，腈纶纤维曝晒后易变色泛黄；锦纶、丙纶和人造纤维在日光的曝晒下，纤维易老化；涤纶、维纶在日光作用下会加速纤维的光化裂解，影响面料寿命。所以，化纤类衣服以在阴凉处晾干为好。

（四）毛料服装

洗后也要放在阴凉通风处，使其自然晾干，并且要反面朝外。因为羊毛纤维的表面为鳞片层，其外部的天然油胺薄膜赋予了羊毛纤维以柔和光泽。如果放在阳光下曝晒，表面的油胺薄膜会因高温产生氧化作用而变质，从而严重影响其外观和使用寿命。

（五）羊毛衫、毛衣等针织衣物

为了防止该类衣服变形，可在洗涤后把它们装入网兜（见右图），挂在通风处晾干。或者在晾干时用两个衣架悬挂，以避免因悬挂过重而变形。也可以用竹竿或塑料管串起来晾晒，有条件的话，可以平铺在其他物件上晾晒。总之，要避免曝晒或烘烤。

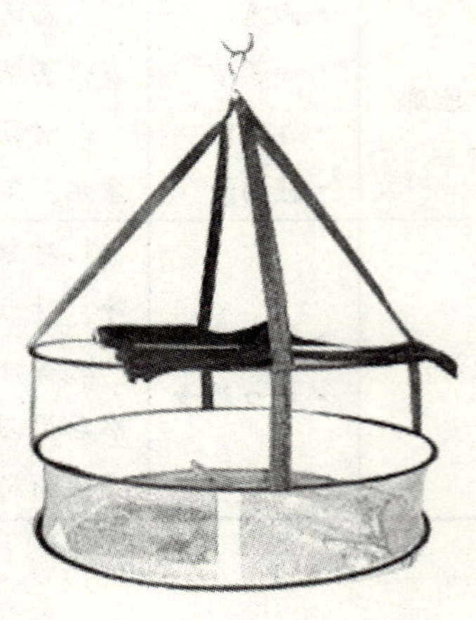

晒衣网兜

在晾晒衣物时，也可以查看衣物上是否有关于晾晒的标签，如下表，如果有，按照其要求去晾晒。

衣物晾晒的标签

标志符号	说明	标志符号	说明
	可以晾晒干		洗涤后滴干
	洗后将服装铺平晾晒干		洗后阴干，不得晾晒

四、熨衣技巧

先要了解布料的品质和处理方法，因为每种布料都会有不同的处理技巧，如果不得其法，就会损坏衣物。

(一)熨衣温度

(1)请务必检查所熨衣物上是否有熨衣指示(如下表)。在任何情况，均请遵循熨衣指示。

熨衣指示标签

标志符号	说明	标志符号	说明
高	可使用高温熨斗熨烫(可高至200℃)	中	可用熨斗熨烫(两点表示熨斗温度可达到150℃)
低	应使用低温熨斗熨烫(约100℃左右)		可用熨斗熨烫，但须垫烫布
	用蒸汽熨斗熨烫		切勿用熨斗烫

(2)如果衣物上无熨衣指示，但你知道衣服质料种类，那么熨烫温度请参阅下表。

不同衣物的熨烫温度

序号	衣物种类	熨烫温度
1	毛织物（薄呢）	约 120℃
2	毛织物（厚呢）	约 200℃
3	棉织物	160～180℃
4	丝织物	约 120℃
5	麻织物	在 100℃以下，一般不熨烫
6	涤纶织物	约 130℃
7	锦纶织物	约 100℃
8	涤棉或涤粘混纺织物	约 150℃
9	涤毛混纺织物	约 150℃
10	涤腈混纺织物	约 140℃
11	化纤仿丝绸	约 130℃
12	维棉混纺织物	约 100℃（宜干烫）

注：此表适用于一般衣料，不包括特别处理或经加工过等，如有光泽的衣物。经过特别处理的纺织品(有光泽、加折、隆起等)，熨衣时请用较低温度。

(3)先将衣物依熨衣温度分类，毛料衣物与棉料衣物则要分开来熨。

✓熨斗加热的速度比冷却速度快，因此，先由最低温度的衣物熨起，如人造纤维衣料。

✓含混纺的衣料，应选择质料中最低的温度来熨。

✓如不知衣物是由何种质料组成，找一处穿时看不见的地方熨，先由低温试起试试何种温度最适合。

✓纯毛料(100%羊毛)可用蒸汽熨平。应将蒸汽钮转至最高的位置且用块干的熨布熨衣。

(4)绒织品或其他发亮的纺织品应以同一方向(顺毛方向)轻熨。熨衣时需常移

动熨斗。

(5)熨人造纤维衣物及丝制品的内面，以防发亮的情形产生。不要喷水以避免污垢堆积。

（二）不同衣物的熨衣程序

熨衣物前首先检视衣物标签，调校合适温度，待温度指示灯熄灭后，按衣物质料决定是否需要打开蒸汽，然后开始熨衣。

1.衬衫

(1)熨衣领。先熨领后，再熨领前，然后将担干一字形铺开(或将两边担干分开入板)熨好。

(2)再熨鸡英(衣服的袖口部分)内面、外面，然后熨后袖、前袖，熨好一只袖再熨另一只。

(3)先熨钮及钮门的内面，然后顺一方向将前后幅熨好。

(4)折叠时，先把领翻好，扣好颈喉钮，然后隔粒扣好。

(5)将衬衫反转，铺在熨板上，将两边衫身折上，再将两只袖折上。

(6)如衫身太长，可先将衫脚覆上约6厘米，然后再覆上折好。

2.西裤

(1)将西裤反转，底幅在外，裤头套入熨板内，先熨好拉链部分，然后熨裤头、裤袋。

(2)将西裤两侧叠好，放在熨板上，熨好裤脚及开好裤骨。

(3)再将西裤反转熨裤面，裤头套入熨板内，先熨好拉链部分，然后顺一方向熨，熨到袋位时，要将袋底布掀起，避免熨出袋印。

(4)将西裤两侧叠好，对齐车骨，熨好内外侧裤脚。前裤骨要连前折，后裤骨熨到裆位。

(5)熨好后，将西裤按三节折好。

3.西装外套

(1)将西装外套反转，先熨底幅两袖里布，逐只完成，然后顺一方向熨好衣身里布。

(2)再将西装外套翻转，面幅铺在熨板上，先熨领后、再熨领前，利用熨板圆位或熨垫熨好肩膊位及袖位。

(3)顺一方向将前后幅熨好，熨至袋位部分应拉出袋布先熨。

(4)完成后再检查未妥善之处。

熨斗使用与保养要领

1.熨斗使用注意事项

(1)初次使用时，请注入自来水。再次注入时仍可用自来水。不过，如水质太硬(硬度高于17度DH)，可使用蒸馏水或纯净水。

注水前，请先将插头拔掉，将蒸汽钮转至“无蒸汽”的位置。将熨斗竖起，然后在注水孔内注入约140毫升的水。刚通电时，不要马上按喷水按钮或蒸汽按钮，以防漏水。

(2)请不要自行修理。

(3)接触面避免接触硬物。

(4)电线不要绕在高温的接触面上。

(5)使用后尚有余温，避免孩子碰触。

(6)不要同时将两种电器用于同一个插座上。

(7)电线务必检查，以免发生电线走火。

(8)避免倾斜或摇动。

2.清洁

使用后，为防止熨斗内部腐蚀，请务必遵守下列事项：

(1)蒸汽旋钮转至干熨位置，温度旋钮转至低温，拔出插头。

(2)将水箱中剩余的水倒出。

(3)冷却之后，必须再将温度旋转至蒸汽区的位置，插上插头干燥5分钟。

3.保养

拔起插头等熨斗冷却后再行清理：

(1)以柔软布擦拭。

(2)不可使用强酸或强碱，以免伤到本体或产生变色现象。

(3)蒸汽喷出孔以牙签挑除水垢。

五、保管和收藏衣物

（一）保管收藏衣物的基本要求

(1)更换下来的各类服装一定要洗涤干净再收藏。

(2)潮湿服装要晾干以后再收藏。晾晒后的服装一定要通风晾透后再收藏。

(3)内衣内裤要和其他服装分开存放，有条件的最好按不同质料的服装分类存放。

(4)服装不能长期越季保管、收藏，要经常通风晾晒，并检查有无污染、虫蛀、受潮和发霉等现象。

（二）各类衣物保管的正确方法

1.丝绸衣物

丝绸织品易发霉、生虫、变色。收藏时的要求为：

(1)首先要清洗干净，在通风处晾干，最好熨烫一遍。

(2)收藏在衣箱内，衣箱要保持清洁干燥。

(3)这类衣物怕压，可放在其他衣物上层或用衣架在衣柜内挂起，最好适当放些防虫药剂(用白纸包好)。

2.棉质衣物

棉质衣物很容易受热生霉，因此收藏时要注意：

(1)收藏前必须拆洗干净，充分干燥后，折叠整齐，存入严密的衣箱或衣柜内。

(2)如有羊绒或丝棉的棉质衣物，收存时每件放5粒左右卫生球。

(3)如果居室是平房或楼房底层，衣柜应离开地面15～30厘米。

(4)收存期间每隔1～2个月应检查一次，发现受潮及时晾晒。

3.羽绒制品

(1)收藏羽绒服前必须洗净，晾晒干燥，回凉至室温后折叠整齐存入衣箱或衣柜内。

(2)在衣物内放3～5粒用白纸包好的卫生球。

4.毛皮制品

毛皮服装最怕潮湿、高温，又易生虫，在收藏时要提前做好准备，不要到高温梅雨季节才动手。北方地区在4月底做好收藏工作。具体做法是：

(1)先在通风、凉爽的地方将衣服晾干，然后用光滑的棍儿敲打皮面，以除去灰尘。

(2)再将皮板放平把毛理顺，折叠好，用布包好后装入塑料袋内。

(3)包装时在毛面处放10粒左右卫生球，最后装入严密的衣箱内或衣柜内。

相关知识：

衣物在不同季节保管方法也不一样

1.春季天气暖，灰尘多，穿过的衣物要先拍去灰尘，洗净后挂于通风处晾干。要用衣套或塑料套套住衣物，以免沾染灰尘。

2.夏季天气炎热，出汗多，衣物要勤洗勤晒。对要收藏的夏衣只要洗净、晒干、烫好即可，不必做特殊处理。收藏时，装入塑料袋中保存，可防潮气。

3.秋季湿气重，衣服最易发霉受损。穿过的衣物务必挂在通风处，洗净后晒烫干燥，再加以收藏。最关键的是应始终保持衣柜的干燥。

4.冬季冬衣厚且多，冬日又少太阳，故应选择放晴之日将衣物洗晒，再加以收藏。如果住平房很潮湿，衣物容易发霉，可将生石灰用布包好，放入衣柜，以防霉湿。

(三)预防毛织品生虫

呢子大衣、毛料服装、毛料裤、毛围巾、毛毯等，大部分是以羊毛为原料制成的。羊毛是蛀虫的最好养料，如果保管不善，极易招致虫蛀。预防生虫的具体做法为：

(1)换下来的毛料衣物不要随意堆放，应及时清除油污、尘土，集中存放在衣箱或衣柜内。

(2)衣箱(衣柜)四周要放入防虫药剂，毛衣、毛毯等叠放的衣物，可在中间加放防虫剂。

(3)防虫工作要在每年3—4月进行，防虫药剂要用白纸包裹，不要直接接触衣

物和有机玻璃纽扣。樟脑丸是常用的衣物防虫药剂，使用时，一定要用白纸包裹才放到衣物中间。

(4)在存放期间每1～2个月检查一次。

(四)床上用品的保管

需要采取的保管措施：

(1)用过的被褥必须拆洗净，晾晒干燥，回凉至室温，折叠平整。装入严密的箱或柜内。

(2)干净的被褥要选择晴朗天气，晾晒回凉后存放衣箱内。

(3)羽绒被褥收藏时，除洗涤干燥外，每床放入用白纸包裹的卫生球5～10粒。

第五节　买菜与记账

一、买菜

(一)基本原则

(1)不要购买那些没有受到适当保护的食物。

(2)不要光顾无牌照食铺和熟食小贩，选择一些信誉良好的食物供应商。

(3)不要购买异常的食物。

(4)注意包装上的有效日期及储藏方法，不买过期食品。

(5)消费预算：在固定消费额内购买菜，可利用一周金额灵活安排。

(6)分量预算：计算人数，不要浪费。

(7)要注意均衡营养。

(8)注意雇主的饮食习惯(是否有饮食忌讳)，不要将自己的饮食习惯加于别人。

(9)不是当季的不买，尤其是生果及蔬菜类。

(二)各类食物的选择

1.鱼类

(1)不可有异味。

(2)眼要有光泽。

(3)腮要红。

(4)肉要有弹性，颜色鲜明。

(5)皮要湿润，无破烂。

(6)鱼鳞要多。

2.肉类

(1)牛肉颜色要深红，脂肪呈奶白色。

(2)猪肉颜色要浅粉红，脂肪白色、柔软。

(3)羊肉颜色要粉红，脂肪白色。

(4)家禽(如鸡、鸭)胸脯丰满、柔软，表面无淤伤，腿部易弯曲，脂肪呈白到黄色。

(5)不可有异味。

(6)肉要湿润，有弹性。

(7)肉表面不要呈瘀色。

3.蔬菜

(1)绿叶菜要青绿，叶要脆不可黄。

(2)花椰菜及生菜类：内部要实，不要购买外层被剥掉的。

(3)豆类：要脆和实，没有皱纹。

(4)根茎类：要实，颜色鲜明，表皮没有污点。不要有大量泥土盖着。选购中等大小的。

(5)选购蔬菜要合时节。

春季——适合蔬菜有菠菜、胡萝卜、白萝卜、黄瓜、番薯、韭菜。

夏季——适合蔬菜有冬瓜、苦瓜、丝瓜、绿豆、赤小豆、番茄、莲藕、豆芽、豆腐。

秋季——适合蔬菜有胡萝卜、花生、核桃、白扁豆、黑木耳。

冬季——适合蔬菜有韭菜、白扁豆、白萝卜、菠菜、生菜、芋头、西洋菜、茼蒿、豆苗、芥兰。

4.冷藏食物

必须坚硬，不可有任何部分已解冻。

二、记账

很多时候，家庭服务员与雇主之间也会有金钱的来往，例如替雇主买菜、买清洁剂用品等，这也是家庭服务员的职责。在处理单据及账目上必须要有很清楚的交代。

（一）处理单据及账目的要点

(1)购物时要保留单据，如超级市场的单据等，把所有单据清楚地交给雇主。

(2)若自己要买东西，同时也要替雇主买东西，必须分单计算，以免混淆账目。

(3)所有余款及单据尽量亲手交给雇主，也要当面点明，以免有误会。

(4)若要替雇主购买一些之前没有声明的物品，必须考虑其必要性，若真的有需要，最好事前询问雇主意见，尽量不要自行决定，特别是一些价钱贵的物品。

(5)若要定期替雇主购物(例如买菜及生活日用品)，必须事前与雇主协商收支安排。例如：雇主怎样交钱给你，多久一次，余款怎样处理等。

(6)可以自行制作一些账目处理表，自己一份，也给雇主一份，清楚地记录所有收支。

（二）记账举例

日常开支记账一般采用“现金日记账”的格式，基本结构为“收入”“支出”“结余”三栏。

采购记账单见下页表。

记账时要注意如下几点：

(1)要养成每天记账的习惯，不然会漏记或忘记。

(2)每天的开支除了记总数，还要详细记录所买物品的具体名称数量，不要笼统地记肉类、菜类，要让雇主看得清楚。

提醒您：

每天应将采购日常用品的收付款项逐笔登记，并结出余额，同实存现金相核对，借以检查每天现金的收、付、存情况。

(3)记完一天的开支详情，就用横线隔开，每天一栏，看起来一目了然。

(4)每天的开支都尽可能控制在预定数额，不能超支。既要按计划，又要保证伙食的营养质量。

(5)每到周末，要主动把账单交给雇主看，对一周来的账目做一个小结，同时为下周的开支做好准备。

采购记账单

年		采购物品内容			收入	支出	结余
月	日	品名	数量	价格			
6	1				1 000.00		
6	1	鸡 鱼 蔬菜 酱油	1只 1条 400克 1瓶	28.50 12.80 3.60 6.20		51.10	948.90
6	2	大排 蔬菜 火腿 牛奶	500克 500克 1包 1箱	19.80 3.20 9.80 29.80		62.60	886.30
合计					1 000.00		

第六节　宠物饲养(中级)

一、观赏鱼的饲养

(一)观赏鱼的给水和换水

1.除氯

城市家庭养鱼一般使用自来水。自来水中含有漂白粉，漂白粉会产生游离氯，所以必须在除氯后方能使用。清除自来水中的氯可采用以下的方法：

(1)暴晒法。即将自来水放在储水桶中，在阳光下晒3天左右，如放在室内，应放置一周左右，如此处理后可将水中的氯除去。

(2)化学除氯。即往自来水中加入浓度为万分之一的硫代硫酸钠。硫代硫酸钠为无色透明的结晶体，在观赏鱼市场上称为“海波”，一般一桶水放2～3颗搅匀即可。

2.注意水温

用自来水养热带鱼还应注意水温问题，需要将水温调升到适宜鱼种生存的范围，并需要对水的硬度和酸度进行调整。可加入纯水来降低自来水的硬度，加入小苏打或磷酸二氢钠来调整水的酸碱度。

热带鱼对水温的要求比金鱼要高，饲养中要高倍加关注。在季节交替、气温变化大的时候，要特别注意水温，温差不能超过1～2℃。可选用市场上出售的加温设施来控制水的温度。

3.排污、换水

(1)在需要换水的前一天，先把足够更换分量的淡水储起，目的是释放淡水内的氯气，因为许多地方是用氯气来为自来食水消毒的。如有需要的话，更可早两三天把淡水储起，也可在淡水内

观赏鱼

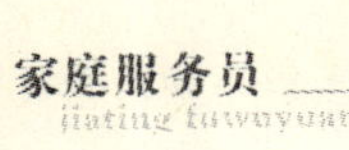

以气木或气石打气，或加入潜水泵制作水流用以加快气体交换。

(2)在换水前，把足够分量的海盐加到事先储起的淡水内，然后搅拌，让盐粒完全溶解。用比重计量度新水的比重，比重最好与鱼缸水一致，达到1.022的标准。如有需要的话，更可早两三天把淡水混盐，加入潜水泵制作水流用以使盐粒完全溶解，及加强新海水的溶氧量。

(3)换水时，先把需要更换分量的旧海水从鱼缸抽走，然后慢慢把新海水加入鱼缸内，不要下一子把全部新水倒入鱼缸内，及避免剩余还未溶解的盐粒进入鱼缸内造成对生物的冲击。如有砂缸(底缸)，换水的过程应该在砂缸内进行。

(二)观赏鱼的喂食

自鱼放入鱼缸后，每天都要给食。

(1)每天给食的次数和投喂的量，要根据不同的鱼种合理掌握。每次只需将鱼喂至八成饱即可，具体投喂量要在平时多观察，方能做到心中有数。

(2)每次投喂时间应相对固定，不宜或早或晚。一般早晨和晚间不宜喂食，其余时间无严格要求。

(3)如果因事外出，不能每天给鱼喂食，一般情况下即使三五天不喂食，鱼也不会饿死。但是外出前应按正常情况喂食和换水，保持水质清新，氧分充足，避免发生闷缸(鱼缸缺氧)事故。

(4)对日常气温的变化、鱼的活动量等都要仔细观察。

(三)鱼病防治

要预防鱼病的发生，首先要注意不要带入外部病源体，特别是在新添鱼种时。产生鱼病的原因较多，主要原因还是在于：水温失衡、喂养失当和操作失慎，应注意预防。

(1)注意不要带入外部病源体。新添进鱼种时应先行消毒。

(2)水温应相对平衡，避免或冷或热。

(3)每次投喂时间应相对固定，一次投料不能过多。

常见鱼病的症状及防治方法如下表：

常见鱼病的症状及防治方法

序号	鱼病	症状	防治方法
1	细菌性腐败病	鱼体表面局部发炎，充血，脱鳞	可用呋喃西林和抗生素治疗
2	鳃病	鱼体被细菌活寄生虫侵蚀引起。病鱼头部发乌，鳃丝发白	可用呋喃西林和高锰酸钾、福尔马林或食盐治疗
3	鳞病	病鱼鳞片张开，基部水肿	可用食盐，呋喃西林和抗生素治疗
4	肠炎	病鱼腹部膨胀，肛门红肿突出	可用磺胺类药物治疗
5	烂鳍病	鱼鳍破损变色，无光泽，烂处有异物；或透明的鳍叶发白，白色逐渐扩大	可用食盐或抗生素治疗

二、家庭养猫

（一）家猫的喂养

1. 养猫的基本用品

要想养好猫，必须有养猫的基本用品，如猫窝、铺垫物、饮水用具、喂食器具、便盆、颈带、梳子、刷子、消毒液等。

2. 喂食

（1）一定要使用新鲜干净的饮用水；使用清洁低浅的食盘，并在安全、熟悉、固定的地方喂食。

（2）让食物温度与室温相同，防止食物变质。

（3）喂食场所应固定、安静，厨房角落是个理想的地方。

（4）喂食场所应干净。如果有其他宠物，不要让它们在同一碗中吃东西，因为一般大猫会抢去幼猫的食物。

（5）不要过量喂食。过量喂食会使猫肥胖并且导致心脏受压及糖尿病。

3. 猫的清洁与调教

（1）猫从小就喜欢清洁。它出世后4周便可行走，此时小猫便会跟随猫妈妈到一定的地点去便溺。此时，可先调教它在便盆里便溺，逐渐还可以调教其在抽水马桶上便溺。

(2)应调教猫不上床，让它到猫窝里去睡觉。

(3)平时应多为猫梳理皮毛、洗澡、护理眼睛、耳朵、修剪爪子。

4.定期体检

为预防各种传染病，要定期为猫做体检，并注射有关疫苗。

(二)不同季节猫的饲养与管理

一年四季气温不同，猫的生理状态也不同，猫的饲养与管理也要因季节的改变而有所调整。

1.春季

春季为猫的发情季节，应选择优良品种进行交配，以获得优良的后代。为减少不必要的麻烦，最好将母猫关在室内。公猫夜间会频繁外出找配偶，争斗中如发生外伤要及时治疗。春季也是换毛季节，应为猫勤梳洗皮毛，预防寄生虫和皮肤病。

2.夏季

夏季气候炎热，空气潮湿，要防止猫中暑和食物中毒。

3.秋季

秋季气候温和，猫的食欲开始旺盛，也是一年中第二个发情期，此时，应给猫增加食物量。为防止感冒和呼吸道感染，可对猫进行关闭管理。

4.冬季

冬季气候较为寒冷，应让猫勤晒太阳，同时在猫窝中增加铺垫物品，并将猫窝放在暖和的房间里。

三、家庭养狗

(一)狗的喂养

1.养狗用品

养狗与养猫一样，需要一套专门的用品，如狗窝、铺垫物、饮水用具、喂食器具、便盆、颈圈、梳子、刷子、消毒液、狗浴液、玩具等。

2.喂食

狗的摄食范围比较广，一般人能够食用的食品狗均可食用。

（1）狗喜食温食，一般狗食应煮熟后再喂。

（2）喂食应定时、定点、定量，食物温度应适宜，不宜过冷、过热。

（3）狗的饮用水要充足，水质要洁净、新鲜。

（4）狗使用的食具应专用，要清洁卫生，且要定期消毒。

（5）狗食品种不宜单一，品种应多样化，且各种营养素应相对均衡，喂乳的母狗还应添加钙、磷和鱼肝油，否则狗很容易患病。

3．幼狗的训练

幼狗应训练其定时、定点便溺的习惯。

4．定时清洁

狗一般不爱清洁，所以应定时为其做清洁工作，从小培养卫生习惯。应经常给狗洗澡、梳理毛发、修剪趾甲、护理眼睛。另外，还应适当安排其运动，对满周岁的狗可安排适当的剧烈运动。

（三）养狗的注意事项

（1）防止狂犬病。狗天性好动\顽皮，喜欢自由，且具有攻击行为。一旦被狗咬伤，在两小时内尽快用20%的肥皂水或0．1%新洁尔灭彻底冲洗伤口半小时，冲洗后用75%的酒精或2%～3%的碘酒擦涂，并及时到医院处治。

（2）要避免所养的狗被其他牲畜咬伤。一旦发生狗被其他牲畜咬伤，应立即带狗到宠物医院治疗，尤其当其被野狗咬伤时。

（3）防止狗的异常攻击行为。如所饲养的狗有攻击行为，应严格防范，且要严格训练以使其温顺。如无法使其温顺应予以处理，避免其攻击他人。

（4）饲养狗的家庭中，如有孩童，应禁止孩童与其一起玩耍；要训练狗，禁止其靠近孩童。

（5）对病狗的粪便、尿、呕吐物、唾液要及时清理，以控制传染源。

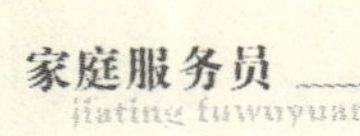

第七节 家庭美化(高级)

一、居室的整体布置

(一)家具的选择

选购家具应注意以下几点：

1.与环境协调

家具的组合与居室整体色彩、风格和面积等方面要协调一致。如卧室家具，如果卧室装潢得豪华亮丽，则最好选用高档的聚酯材料家具；如果卧室装潢得素淡恬静，则应选择原木家具。

2.符合实际需要

选择家具要从家庭经济能力出发，兼顾实用性和观赏性，并以实用性为主。

3.材料、价格比

一般来说，红木家具价格最高，其中以紫檀、黑檀为最，鸡翅木等次之，梨花木又次之。价格居中的是其他原木家具和高级聚酯材料家具，普通聚酯材料家具和钢塑家具的价格比较便宜。选购家具时可在家具的款式上和制作工艺上下工夫，款式新颖的家具同样可以达到很好的装饰效果。

4.注意标牌内容与商品实物的一致性

为防止商店里展示的样品与实际商品质量不符，要按当初看样时记下的质量和规格，认真地检验货物。同时也要做到“货比三家”，以评估家具价格和质量。任何情况下，都要向售方索取发票，一旦发现问题，可作为保护自己消费权益的凭证。

(二)饰品饰物的放置

在摆放饰品饰物时，应根据环境的整体气氛，充分发挥居家环境的潜在美感。例如：

(1)卧室内悬挂幅面不太大的画，以亲情为主题，内容平和恬静，充满温馨。

如果室内布置中既有书法又有图画，那么就应该注意让书画的内容相互配合，力求做到以画映书、以书表画。另外也可在依墙处的几案上置一花瓶，香花争妍，可使室内生机充盈，增添美感，强化祥和静谧的气氛。

(2)客厅的餐桌上方可挂一幅静物写生画，色调要与家具和卧室相协调。同时也可根据主人的爱好，在装饰厨中或在桌几上摆置既有装饰性又实用的碗、杯、咖啡壶等，只要配置和谐，会有特别的情调。

(3)书房的墙上可悬挂大幅字画，写字台上可插置一束鲜花，放置文房四宝。

(4)门厅多以放置衣帽架为主，这样方便自己也方便客人。

(三)生活器具的放置

各种生活器具的放置方法如下表所列：

各种生活器具的放置方法

序号	生活器具	放置方法
1	卧室器具	床铺的高度，以与成人膝盖的离地高度相等为宜，通常为50厘米左右。枕头的高度，成人为12厘米，儿童为6～8厘米，婴儿不超过5厘米，或干脆不用枕头
2	挂钟	由房间的大小来决定所挂位置的高度，通常以挂离地2.3～2.5米为宜，注意不要放置在床的正上方
3	彩色电视机	彩色电视机的屏幕中心，最好在人坐着看东西时的视平线略下一点，与人的距离最好保持在3～4米之间
4	吊扇	在挂吊扇时，吊扇宜离地2.4～2.6米，或者是2.2～2.4米。这可根据吊扇尺寸而定，但绝不可低于2米，以免发生危险
5	字画	如果放置字画，字画的大小应由家庭的大小、墙壁高度而定。字画下端离地距离应在1～1.2米之间，这样人的视平线正好处于字画的中心偏下的位置
6	吊灯	吊灯可安置在居室的中央。灯泡瓦数的大小可根据需要而定，也可采用彩灯。如果要安置壁灯，则开关一定要放置在随手可及的位置
7	椅子	椅子的高度宜在45厘米左右，以低于人体坐着时其小腿长度的1～2厘米为佳

（四）厨房器具

各种厨房器具的放置方法如下表所列：

各种厨房器具的放置方法

序号	生活器具	放置方法
1	灶台	厨房灶台的高度，以离地面70厘米为宜。锅底支起后，离火口约3厘米，这样可最大限度地利用火力
2	切菜桌	切菜桌以自己在使用时不感吃力为宜，如高过右手则难以使力，过低则需弯腰操作，时间稍长，颈部和腹部就会受不了
3	水池	应便于储水，洗东西也不感到吃力，同时应减少占地
4	吊橱	吊橱的高度宜在1.5～1.6米之间。如果吊厨下边需要让人通过，则高度可在1.8米左右

（五）卫生间器具

卫生间器具的放置方法如下表所列：

卫生间器具的放置方法

序号	生活器具	放置方法
1	浴缸高度	一般为55厘米左右，这对儿童和老年人来说，都觉得高了些，可垫一只小凳子
2	沐浴用的喷头	离地高度以2～2.4米为宜。这样既不会碰头，又会使喷下的水流有合适的冲击力
3	洗面盆	有桌盆和立盆两种，桌盆需用花岗石桌面，占地比较多。如果卫生间小，可用立柱式洗面盆
	坐便器	不应正面对着卫生间的门

（六）书房器具

写字台高度以离地75厘米为佳，过高、过低都影响右手活动，并使眼睛疲

劳。

（七）家居布置注意事项

居室的布置要注意：

（1）家具的放置应考虑到房间的大小。家具不宜放置过多，否则房屋容易显得拥挤，给人一种压抑之感。也不要过于繁杂，要抓住布置的重心，追求和谐统一。

（2）饰物和印刷品不要花色过多，要与居室布置色调相统一，不然会给人一种杂乱无章的感觉，要与居室的家具摆放相协调。

二、常见花卉的养护及摆放

（一）常见花卉的养护

我国素有“世界园林之母”的美称，花卉资源丰富、种类繁多，这里介绍两种常见花卉的盆栽养护实例。

1．石竹

盆栽时先选择好土和肥，配制成培养土，把有4～5片叶的健康小苗移栽到花盆中，放在阳光充足处培养。在生长期间每隔十天浇一次肥水，等它长得很茂盛时浇水，以保持盆土湿润为宜。浇水过多，花的根就容易烂。要掌握好它的习性，在这期间应做好对它的防病工作，定期喷洒由“乐果”配制成的药液，防止花发生病变。冬季时把花可以放到室内移向阳处。

2．水仙

水仙一般用水培法栽培。先将鳞茎上的外皮剥除，并去掉根部的护泥和枯根，然后用刀在鳞茎中心芽两侧，自上而下各直切一刀，以不伤到叶牙为准，目的是使鳞片松开，便于花茎抽出和生长。把鳞茎放在清水中浸泡一天，然后把它放在一个盘或浇水盆中，四周用砾石固定，稳定鳞茎，不使其倾倒。加水，以淹没鳞茎底盘为宜。白天放在阳光充足的窗台、案头，室温在15℃左右为宜，傍晚要把盆中的水倒净，次日清晨再加入同样多的清水，这样能控制叶片生长。刚上盆时宜每天换一次水，开花前可改为两至三天换一次水。水养水仙时忌施肥，否则根部易失去洁白光泽，同时也要防止水仙出现病变。

（二）室内花卉的摆放

1.客厅

可在沙发前放置的茶几上摆放一盆仙客莱，以表达主人的好客之意，或放上一盆中国兰花，以示兰交之情。桌面上可摆放一盆如荷包花、水仙等秀雅的小型花卉，以显示热烈的气氛，但数量不宜过多，否则会产生臃肿杂乱之感。摆放在桌面上的花卉，不要置于正中央，以免影响人的视线。厅内陈设有组合矮柜的，可在上面摆放一盆山水景，增添优美意境。墙角处摆放一盆中型观叶植物，如龟背竹、散尾葵等，可给人带来绿意盎然的享受。另外，还可在客厅进门处的醒目位置摆一盆“罗汉松”等，起到“迎客”之意。

2.卧室

卧室是人们休息睡眠的地方，应恬静安逸、温馨优雅，以利于消除人的疲劳，有益健康。因此，宜选用色彩柔和、姿态秀美、具有香味的花卉，如案头柜上摆放一盆翠绿别致的观赏竹类花卉，梳妆台上摆上一瓶插花或干花，在向阳的窗台上摆放一盆兰花、茉莉等。到开花时，香飘四溢，使人倍感温馨。在窗户附近屋角，可垂吊一盆吊兰，效果更佳。

（三）注意事项

1.南花北养时

南方的雨量充足，气候温暖湿润，土多为酸性，因此把花移到北方来养时，由于北方气候干燥，要注意准备好栽培的土、用水、遮阴增湿和保湿防寒。

2.室内养花时

春天时，春花最怕冷风吹，不要急于将花卉搬出室外。因春天气温多变，常刮干燥风，时常有寒流，如果花卉早出室，就容易把娇嫩的叶子吹焦，从而造成整株死亡。室内温度应当保持在10～15℃，夜间要将花盆搬离玻璃窗口1米处，盆土不要过干和过湿。

如果在室外养花，天气刚一寒冷时，不要急于将盆花搬入室内，这样对其生长不利，最好稍迟一些时候再将其移入室内。可将花卉放在背风向阳处，让它经过一段时间的低温锻炼，这样对花卉也有好处。但花卉各有不同，应根据花卉的种类不同而定，入室后的花卉要注意通风。

三、常见花卉的插制及摆放

(一)花卉的插制

插花，就是把花用花瓶或水盆等容器进行水养，并运用艺术技巧，创作出一个造型优美的装饰品，如图所示。要插好瓶花，需要先掌握饰瓶及其相互配置的原则，然后再根据美学原理及个人爱好，按照一定的技巧把花插好，这样，才能得到一件较为理想的作品。

插花

(1)居室插花，色彩选择特别重要，应和谐，尽量与室内墙壁、器物等的色调一致。

(2)插花的容器，采用瓶、盆、罐、篮均可，容器宜素雅清新，与花相映成趣，如黑色容器插白色马蹄莲，黑白分明，可突出马蹄莲的挺秀雅致。

(3)花卉的选择要讲究品类，颜色搭配相宜，如月季、海棠、玫瑰、郁金香、干枝梅，还有非洲菊、唐菖蒲、鹤望兰等叶的形态色调，应要相配得当。

(4)插花要讲究造型，更要注意意境。

✓上轻下重，均衡自然。花苞和浅色的花放在上面，盛开的花、深色的花放在下面，形成层次美。

✓众星拱月，浑然一体。整体插花造型应力求简洁，上下左右花卉枝叶要围绕中心、突出中心，形成一种整体美。

✓疏密有致，点面结合。绿叶和枝条等辅助物不宜过多，也不宜太少，太多宜成繁乱之象，过少显则得空荡。实际插制时，可要根据具体情况插制。

(二)插花的放置

(1)卧室。在依墙处的几案上置一花瓶，鲜花争妍，可使室内生机充盈，增添美感，强化祥和静谧气氛。

(2)门厅。设一弯腿平面小台案，后面置一面镜子，案上摆上小竹篮，插上花，带有迎客之意，镜子的照射又加深了视野。

(3)客厅。放一张矮腿玻璃面小圆桌，底桌架可用流线型铸铁制作。桌面玻璃花瓶内插花，待客畅叙或家人谈心；氛围芳馨，高雅别致。

(4)书房。在窗台或写字台上置一小花瓶，插上鲜花，写作看书疲劳时，看上

一眼，自有一种轻松感，对视力也有好处。

(5)悬挂于墙壁上的花瓶，宜与人站立时的视平线一致。在米黄的壁纸上可装饰几枝山茶，在淡蓝色墙壁上可点缀几束微型月季，在白色粉墙上吊一盆翠绿吊兰，可使人耳目一新。

(三)使插花开得持久的技巧

要花开得持久，可采取一定措施：

(1)勤换水，一般一天换一次。

(2)插花前除去浸入水中的叶子，避免水质污染，花枝切口的腐烂部分也应立刻剪去。

(3)适量放入阿斯匹林、维生素C和维生素K，可控制花卉水分流失，防止花卉衰枯，延长鲜花的开放期。

(4)使用鲜花保鲜剂，具体方法可参照鲜花保鲜剂的说明书，一般花店均有售。

(四)注意事项

在居室内插摆花卉时要注意对比和统一，还需注意花枝的变化和统一。无论用何种方式组合，应按照花卉固有的特性，给人一种层次感。插花时应配以观叶花卉，增加其美观。花不宜插得过疏和过密。大花不宜重叠，也不宜靠近水面。

在居室内摆放花卉时，要与居室内的摆放相协调，位置要摆放适当，避免强光照射。冬天不能离暖气太紧，保持每天换水才能让花开得长久。

第八节　家庭理财(高级)

一、家庭消费模式

(一)集中消费型

这种消费型在某种意义上也可称为“大锅饭”型，即家庭中本着集中使用、按

需分配的原则，将家庭成员的收入集中起来，大家共同商讨，确定每个成员的消费量。这里没有“私房钱”，每月只作总额控制，每个家庭成员都享有同等的消费权利。

（二）分散消费型

分散消费型的家庭经济，即各自为政，谁挣的钱谁消费，也就是说每个成员的收入均以私房钱形式自己管理。家庭中所需的共同消费，由所有成员共同协商筹款。

（三）“三分制”消费型

把家庭收入分为三部分，其模式分别为：“一大二小”，“二大一小”，“三等分”。“一大二小”是指家庭中较大一块为共同收入，主要用于支付日常开支，诸如孩子就学费用、购置家具、家用电器等；两小块则为夫妻各自的自留地。“二大一小”是指夫妻各自分管一大块，留出一小块用于日常开支。至于家庭中的大项目开支，则由夫妻双方协商后分别承担。

（四）责任包干消费型

夫妻双方确定一方掌管家庭收入和支出，谁掌管谁就有责任搞好、理顺家庭开支，而不掌管的一方，有义务将自己的所有收入交“公”。

二、家庭财务管理

家庭财务管理的分工因家庭而异。有雇主自己管的，也有让家庭秘书（俗称管家）管的，但让管家管理家庭财务的比较普遍。管家要根据雇主授予的权限对实际经管的家庭财务实行管理。

（一）财务分账管理

一般分为以下几部分内容，如下表：

分账项目

序号	项目	明细
1	固定支出	房费、物业费、卫生费、水费、电费、燃气费、电话费、互联网费等
2	饮食开支	粮油食品、蔬菜水果、烟酒茶等所需的费用
3	招待费用	雇主在自己家里开宴会、招待会、酒会、茶话会、舞会、笔会等招待客人所需费用
4	出游费用	郊游、外地旅游、海外旅游所用的交通费、食宿费、门票费等开支
5	健康娱乐	健身、滑雪、打高尔夫、摄影、购书、音乐会等费用
6	医疗费用	门诊费、治疗费、住院费、药费
7	养车费用	高速路费、保险费、汽油费
8	房屋保养维护费用	如是个人房产要有零修、中修、大修费用
9	杂费开支	洗涤用品费及不可预见费的开支等

(二)开支的控制

开支控制不是讲求中国式的勤俭节约，不是限制雇主的日常开支，而是在雇主委托管家处理的开支项目中向雇主提出建议，并在采买物品时购买物美价廉的商品。

(1)要根据上一年度的实际支出和雇主的意见，结合将要发生的开销，制订家庭开支计划，做出预算。

(2)购买物品、寻求服务要多找几家，从商品质量、服务质量和价格等多方面进行比较，在“货比三家”后再定。

(3)日常消耗用品最好到营业成本低、价格比较便宜的超市或商店购置。

(4)对各项固定支出的实际发生额的变化规律要做到心中有数。如夏季洗衣、洗澡、浇花会使用水量增加；伏天使用空调会使电量增加，等等。如发现费用增加有异常应立即查找原因。

(三)财务档案的管理

随着经济的快速发展和货币电子化的普及，现代化的家庭收支方式也日益普

及，相继而来的是证件多、信用卡多、资料多，仅凭大脑记忆这些大量信息是很困难的。因此，家庭财务资料需要妥善保存，以便日后查找及有效利用。

1．家庭财务档案分类

家庭财务档案分类如下表：

家庭财务档案分类

序号	项　目	明　细
1	收支档案	(1)收入部分记载收入时间、来源、金额 (2)支出部分记载支出时间、事由、单位、数量、单价、金额、余额
2	贵重物品发票档案	购置各种电器、重要物品的发票、合格证、保修卡、说明书
3	家庭金融档案	(1)各类银行存折和记账式有价证券。如债券、国库券的存单姓名、账号、所存金额、存款日期、取款密码 (2)股票买卖情况的记录 (3)各类保险的凭证 (4)个人之间的互相借款的凭据、合伙契约、协议书
4	证件档案	包括家庭成员的户口簿、身份证、结婚证书、独生子女证、出生医院证明书、健康证、保险证、职工证、毕业证书、学生证、岗位培训证书、从业资格证书、聘任证书、专业技术职称资格证书、职务任命书、土地使用证、房产证等
5	贵重物品档案	包括金银首饰、珠宝玉器、名人字画、稀有藏品以及有特殊纪念意义的珍贵物品。所收藏物品要按种类、名称、作者年代、产地、价格作详细记录

2．家庭财务档案的保管

(1)对分类后的材料要装袋保管，并标明项目，存放于安全位置。

(2)有条件的家庭最好备保险柜和专用档案柜，前者用于存放各类银行存折和记账式有价证券，后者用于资产的分类存放。

3．注意事项

现金、银行存折、有价证券、金银首饰、珠宝玉器、名人字画等贵重物品切

不可存放在没有安全措施的地方，应存放在家庭保险柜内，或利用银行的保管箱储藏，以防遗失或被盗。

三、家庭投资理财

作为一名高级家庭服务员，所服务的家庭往往是高收入阶层，有可能要协助雇主家投资理财，因此，有必要掌握财务管理和家庭投资理财的知识和技巧。

高收入阶层的基本特征是：家庭年收入至少在20万元以上，拥有两套及以上的房产，银行存款在百万元以上。此类阶层抗风险能力较强，资金节余较多，有充分的资金可用于投资理财，因此建议采取多元化投资组合的方式进行投资。可以采取基金、结构性存款、集合理财产品和房产等实业投资进行组合。由于该类家庭收入高，风险承受力较强，可选择这些产品中风险较高的品种，因为风险与收益永远成正比，若风险投资比较得当，收益是相当可观的。应注意到高收入人士由于其日均工作时间、工作压力都会远远高于常人，健康状况往往并不理想。因此，对于这类人群来说，购买保险特别是健康险，为自己的健康与生命提供保障就显得非常重要。

投资理财要注意几点：

(1)保险，可购买高额万能寿险，附加补充医疗险和意外险，保障自己和家人的生活稳定。

(2)基金，若股市一路走弱，则暂时观望股票型基金，到股市走强时再进入，或选择业绩较稳定的股票型基金，逢低吸入部分。

(3)如果当地房价适中，可选择好的地段进行中长期投资。

(4)券商推出的集合理财产品或信托产品，收益较高，风险较低，但进入门槛高，一般20万元以上才能进入，高收入人群可选择购买部分进行投资。

对于收入丰厚稳定、少有负担、保障齐全，风险承受能力很强的家庭，建议投资资产的70%可以集中到股票、房地产等风险资产上，去分享几乎可以确定的中国经济长期增长；20%持有各类外币资产；另外10%作为家庭和双方老人的备用金；而债券基金类产品建议少量购买或不买。

吴先生，38岁，私营企业部门经理；吴太太，30岁，在国企工作；小孩5岁。吴先生年薪15万元，太太年薪5万元，两人每年还有大概10至20万元的其他收入；

定期存款20万元，国债10万元，股票型基金10万元，货币基金4万元，股票5万元；住房2套，其中一套价值100万元，首付30万元，余下的70万元办理了18年按揭，月还贷款本息5 000元，已还5年，目前自己居住，另一套价值60万元的房产尚未出租；有车；夫妻双方均有正常的社保及公积金；家庭年生活费用5万元左右。

理财建议：

第一，在原有资产基础上做重新配置。尽快出租闲置房产，稳定增加现金流；股票方面如果没有足够的时间和能力打理，可以都转换成股票型基金投资；货币基金方面目前配置过多，如果半年内没有特别的消费款项，建议把货币基金持有比例缩小一半，余者也转化为其他基金投资。

第二，积极改变投资比例。家庭的年总收入很高，对于目前的消费和房贷没有绝对的压力，配置好理财品种，并不急于还贷；每月养成购买开放式基金的习惯，因为收入高并不一定选择定投的购买方式；可以尽量选择后端收费，以吴先生一家的收入来说，有车有房，孩子还小，应该没有在近年内太具体的消费目标。

第三，制订相宜的保险计划。对于高收入的人群，正常的社保均无法对其身价做出合理保障(宜与生活质量及收入比例挂钩)，建议吴先生购买高端寿险品种，来直接解决医疗、养老等问题。例如：年交保费4万元或更多些(交费20年)，65岁时一次性领取100万元，并在此期间享受到最高300万元的寿险保障，每年有20万元的医疗费用(用药突破社保，网点内90%报销)；如果再加3 000元或更多些的保费，还可以让吴太太拥有同等条件的医疗保障。此款产品年缴费大抵与吴先生年家庭收入的10%相当，简单方式解决了一家的保障。

因为孩子尚小，用基金做长期投资完全可以帮助锁定其将来的教育计划，而作为家庭中收入中坚力量的吴先生，则必须做好全面的保障；基金是目前最好的增值品种，合理配置，收益稳定；而保险是现在最好的保值品种，二者结合全攻全守；美满一家，幸福长有。

本章习题：

1.简述怎样才能烧制出鲜香可口的美味靓汤。

2.凉菜的制作方法有哪些?

3.怎样蒸馒头?

4.怎样煮饺子?

5.简述房间清洁的顺序。

6.如何做好煤气炉灶的清洁工作?

7.洗衣服前要做好哪些准备工作?

8.毛皮制品该怎样保管?

9.买菜的基本原则是什么?

10.观赏鱼怎样喂食?

11.家庭财务档案如何管理?

第四章

婴幼儿看护与教育

本章学习目标：

1．了解婴幼儿膳食的基本原则，会给婴幼儿喂奶、喂水，会制作辅食。

2．会正确地抱、领婴幼儿，能照料婴幼儿穿脱衣服和大小便。

3．会观察并处理婴幼儿的异常情况。

4．了解1～3周岁婴幼儿卫生保健知识。

5．了解学前儿童家庭教育的一些基本知识。

第一节　婴幼儿饮食料理

营养对人的发育成长和健康起重要作用，特别是婴幼儿时期，正确的喂养能保证正常发育和增强对各种疾病的抵抗力，对病儿尤为重要。小儿处于生长发育时期，代谢旺盛，对营养需要量较大，我们不仅要满足其营养物质的需要，还要掌握正确的喂养方法。

一、婴幼儿膳食调配的基本原则

（一）多样性原则

人体所需的营养素主要由食物提供，但各种食物中所含营养素的种类、质量、数量不同，并且任何天然食物都不能提供人体所需的全部营养素。因此，为使婴幼儿获得全面的营养，在给孩子准备饭菜时要注意“杂食”，即尽可能让他们吃到各种各样的食物，如：

(1)主食，应包括米、面、杂粮、薯类及豆类等。

(2)副食，既要有鱼、禽、蛋、瘦肉、奶等高蛋白食品，也要有不同品种、不同颜色的蔬菜，特别是红、黄、绿等深色蔬菜，还要有各种水果等。

（二）合理搭配原则

婴幼儿正处于身体迅速生长发育的重要时期，配合其生长提供合理的营养是每一个婴幼儿健康成长和发展不可缺少的条件，所以婴幼儿膳食的合理搭配具有非常重要的意义。

1．八大类食物按比例提供

谷类、肉类、蛋类、蔬菜类、果类、豆制品、油类及食糖这八大类食物，每天都要让婴幼儿吃到，但并不是各种食物都吃得一样多，而应有一定的比例。较为合理的营养结构是：每日生活中五谷杂粮和豆类应该吃得最多；其次是蔬菜和水果；相比之下肉、鱼和蛋等高蛋白的食品虽然要有，但不能太多。

2．各种食品巧妙搭配

给孩子准备饭菜时要尽可能使各种食物之间能相互搭配，以保证婴幼儿吃到营养全面的食物，并且食欲旺盛。可遵循以下原则进行搭配：米面搭配、粗细粮搭配、荤素搭配、蔬菜五色搭配、干稀搭配等。

二、婴幼儿膳食安排注意事项

（一）优先供给富含蛋白质、维生素、矿物质的食品

牛奶是幼儿断乳后的首要食品，凡有条件的家庭，每日应供应孩子牛奶500毫升左右，并要提供瘦肉(畜、禽、鱼)50克左右，鸡蛋1个，以及动物肝脏、血、豆制品、各种新鲜蔬菜和水果等，以保证营养的摄入。

（二）适量供给碳水化合物、脂肪高的产能食品

(1)谷类食物含碳水化合物高，除供给热能外，还供给维生素B_1、叶酸、钙、铁等营养素。

(2)纯糖除供给热能外，对肝脏有一定的保护作用，但对幼儿来说，不宜多吃，特别是饭前不要吃糖，以免影响食欲。

(3)油脂能供给热能以及必需的脂肪酸，且有益于调味，是每日膳食中所必需的食品，但不宜过量，以免影响消化。

三、婴幼儿喂奶、喂水

（一）奶粉的调配

要防止两种偏差：一是冲成的奶太浓，会造成小儿消化不良；另一种是配制得太稀，长期服用会导致营养不良。因此，一定要牢牢掌握好正确的配奶方法。正确的方法如下：

1．容积比例的调配方法

(1)按1∶4的比例，即1份全脂奶粉配4份水，1汤匙奶粉加4汤匙水。

(2)要配足婴儿每次的需要量，即每增加4汤匙水，就要增加1汤匙奶粉。

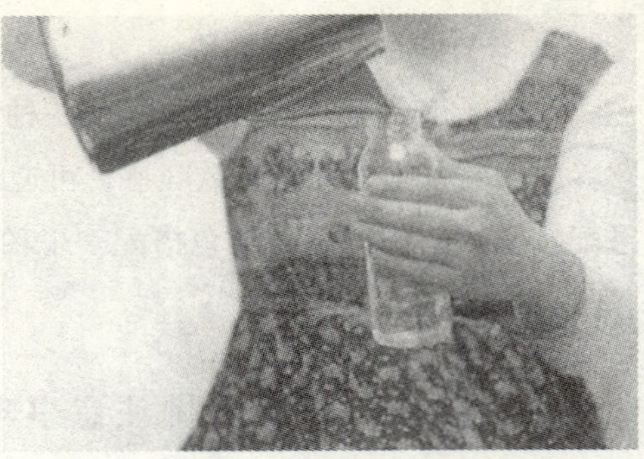
步骤1　先将预定泡的水量倒入奶瓶内

2．按重量比例的调配方法

(1)按1∶8的比例，即10克全脂奶粉可以加水到80毫升。

(2)要注意配足每次孩子的需要量。

（二）调冲奶粉

步骤1：倒入温开水。

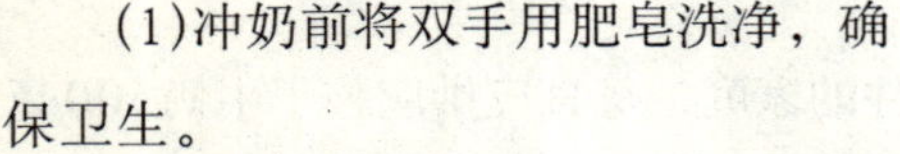
(1)冲奶前将双手用肥皂洗净，确保卫生。

(2)在奶瓶里倒入需要的温开水(煮沸过的热开水冷却至40℃左右)。不要用滚烫开水冲泡奶粉，否则易结成凝块，引起婴儿消化不良。

步骤2：溶入奶粉。

(1)用汤匙舀起奶粉，舀起的奶粉需松松的，不可紧压。

(2)再用D形罐口刮平，对准奶瓶口倒入。

步骤2　将要泡的奶粉倒入

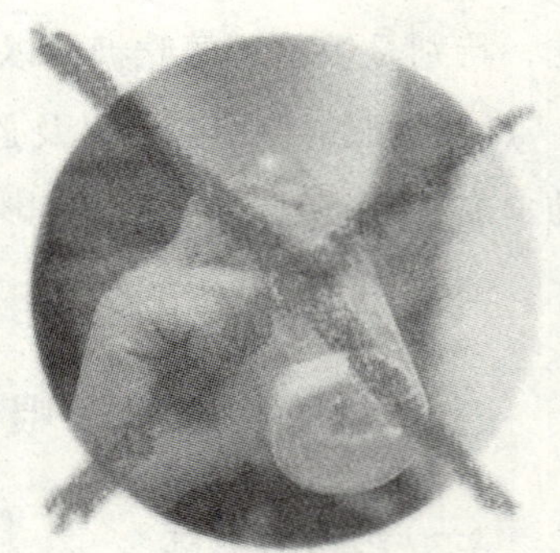
注意：禁将奶粉先倒入奶瓶

步骤3：套上奶嘴、摇晃均匀，并检查温度及流速。

(1)盖上奶嘴后左右摇晃，使奶粉完全溶化。如奶粉先倒入奶瓶，易附着在瓶底，冲水后不易散开。

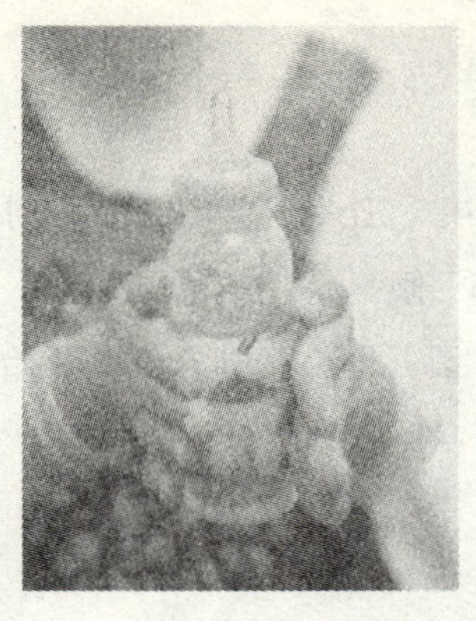

步骤3　摇晃使奶粉完全溶化

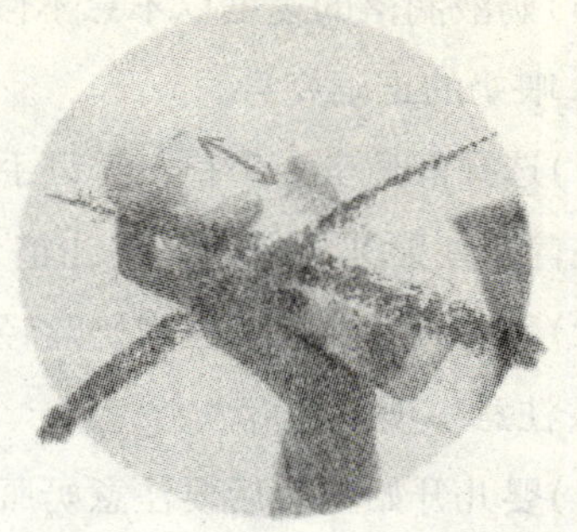

注意：切忌上下摇晃，以免牛奶起泡

(2)手不要碰到奶嘴，把它装上去并试试牛奶滴出的情形。

(3)在手腕内侧滴一滴，感觉温度是否合适，如果感觉温度高，可稍放一会再试。

(三)怎样用奶瓶给婴儿喂奶

用奶瓶给婴儿喂奶需要掌握正确的方法：

1.喂奶前的准备工作

(1)喂奶前要先给婴儿换好尿布，把婴儿包裹舒适。

(2)在用奶瓶给婴儿喂奶之前，须先洗净双手，取出消毒好的奶瓶、奶嘴，注意奶嘴不要随意放置，应竖直向上，一定不要弄脏奶嘴。

(3)将调好的奶倒入奶瓶，拧紧瓶盖。

(4)将奶瓶倾斜，滴几滴奶液在手腕内侧，试试温度，感觉不烫即可。

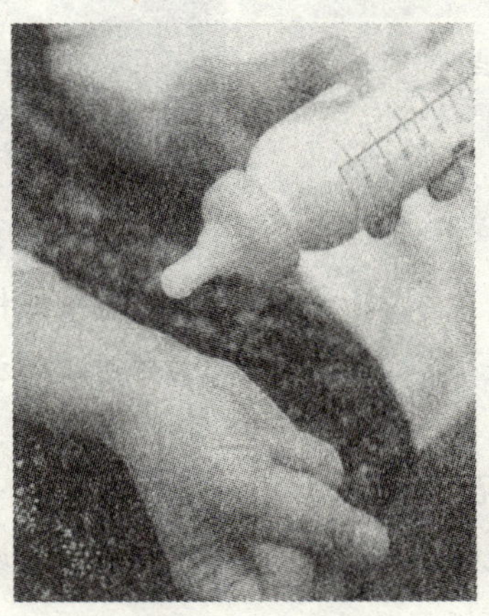

在手腕上测温

(5)奶液滴落的速度以不急不慢为宜。

2.喂奶的正确姿势

(1)选择舒适坐姿坐稳，一只手把婴儿抱在怀中，让婴儿上身靠在你肘弯里，你的手臂托住婴儿的臀部，婴儿整个身体约呈45°倾斜。

(2)另一只手拿奶瓶，用奶嘴轻触婴儿口唇，婴儿即会张嘴含住，开始吸吮。

3.注意事项

(1)婴儿开始吃奶后要注意奶瓶的倾斜角度，要让奶液充满整个奶嘴，避免婴儿吸入过多空气。

(2)如果奶嘴被婴儿吸瘪，可以慢慢将奶嘴拿出来，让空气进入奶瓶，奶嘴即可恢复原样。也可以把奶嘴罩拧开，放进空气再盖紧即可。

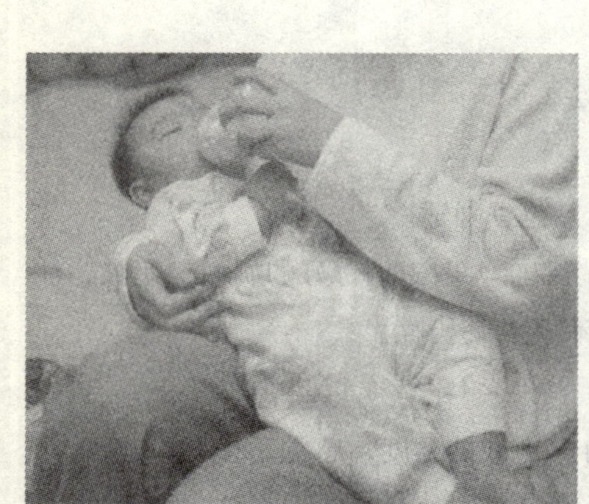

奶瓶的倾斜度要适当

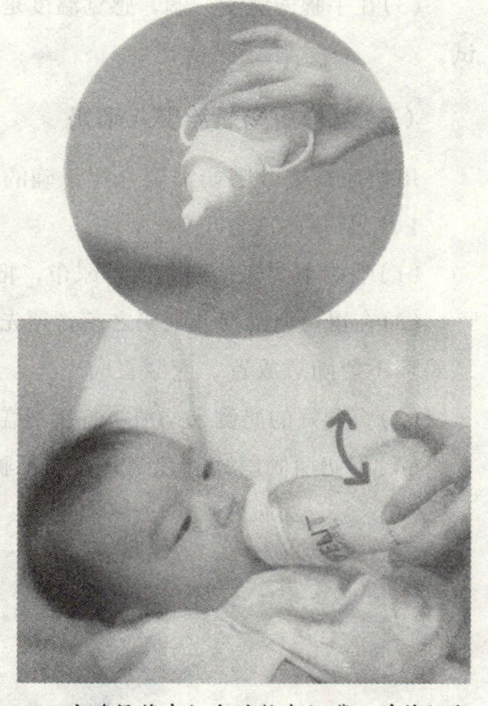

应确保将牛奶充满整个奶嘴，并将奶瓶略为转动，以防孩子吸入过多空气

(3)注意婴儿吸吮的情况

✓如果吞咽过急，可能奶嘴孔过大，如果吸了半天奶量也未见减少多少，就可能是奶嘴孔过小，婴儿吸奶很费力。

✓不要把尚不会坐的婴儿放在床上而大人长时间离开，让他独自躺着用奶瓶喝奶，这样做非常危险，婴儿可能会呛奶，甚至引起窒息。

(4)喂完奶后将婴儿竖直抱起。给婴儿喂完奶后，不能马上让婴儿躺下，应该先把婴儿竖直抱起靠在肩头，让孩子坐在大腿上，支撑其前方下巴处，轻拍婴儿后背，让他打个嗝，排出胃里的空气，以避免婴儿吐奶。

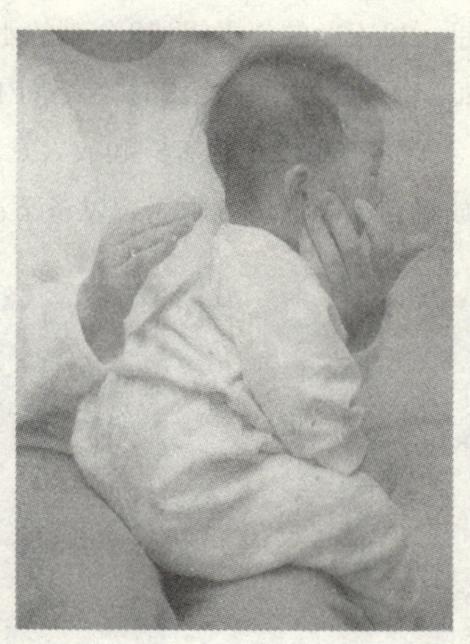

排气处理

(四)怎样给婴儿喂水

(1)纯母乳喂养的新生儿一般不需喂水，喝牛奶的婴儿，每天要在两顿奶之间喂水。

(2)喂水量也应随天气的变化和孩子体质的差异而有些区别，要灵活掌握。夏季应增加喂水次数，但不要过多，以免引起水肿。

(3)可以喂开水，也可以喂菜汁或水果汁，还可以喂蜂蜜水。

(4)要用勺喂，刚开始可能要一滴一滴地喂，喂时要有耐心。

提醒您：

每天喂水量大致如下：

(1)出生头两天：奶瓶8～10大格(每大格30毫升)。

(2)1周左右：奶瓶13～17大格。

(3)10天～3个月：奶瓶25～28大格。

(五)奶瓶消毒

1.准备器具

消毒器及有盖的大锅、奶瓶、奶嘴、奶盖，宜准备奶瓶6～8支、洗奶瓶用毛刷1支、镊子(夹奶瓶、奶嘴用)。

2.消毒方法

(1)先用肥皂清洗双手，用干净的消毒锅加8分满的水，准备加热。

(2)将耐热的玻璃奶瓶、镊子等器具于冷水时放入锅内煮10分钟，再将不易耐热的器具包括奶嘴、奶盖、奶圈等用纱布包着一起放入煮5～10分钟。

(3)将消毒好的奶瓶放置在干净的地方晾干，以备下次使用。

消毒过的奶瓶应用纱布盖起来，避免再受污染

宝宝喝过的奶瓶，应马上用刷子清洗

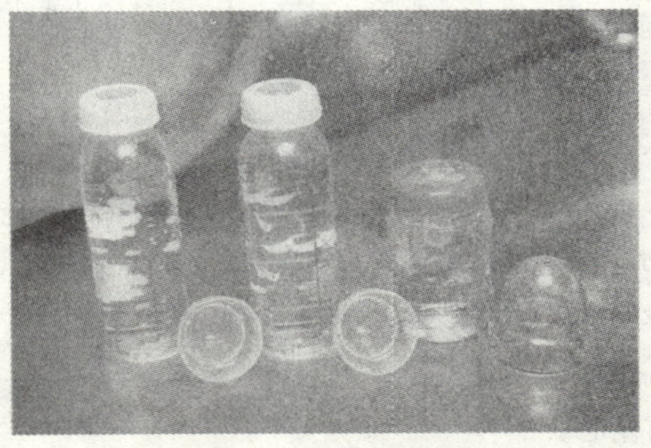

不太好洗的奶垢，可先装清水浸泡一会儿再刷洗

四、婴幼儿辅食添加要求

一般来讲，婴儿从4个月开始，除了母乳或牛奶，还要逐步给婴儿添加一些蔬菜泥、苹果泥、香蕉泥等。

(一)辅食添加的原则

辅食添加应遵循以下原则：

(1)从少到多。如蛋黄从1/4开始，如无不良反应2～3天加到1/3～1/2个，渐渐吃到一个。

(2)由稀到稠。米汤喝10天左右—稀粥喝10天左右—软饭吃10天左右。

(3)从细到粗。菜水—菜泥—碎菜。

(4)习惯一种再加另一种。

(5)在孩子健康、消化功能正常时添加，出现反应暂停两天，恢复健康后再进行。

相关知识：

何时给婴儿添加辅食为宜

有人认为婴儿在4个月时就应该添加辅食，但专业人士却主张：就像母乳喂养4个月以下的婴儿“应看婴儿是否有要吃奶的要求，而不是看钟表应该几点喂”一样，添加辅食“应看婴儿是否有要吃辅食的要求，而不是看几个月该添加辅食”，一般来讲，不主张为6个月以下的婴儿添加辅食。

美国儿科学会认为：当他们想吃辅食的时候，观察如下征兆：

(1)连续几天哭闹，你发现他既没有病，也没有长牙的现象。

(2)当其他人吃饭时，他对饭桌上的饭菜十分感兴趣。

(3)能自己坐稳，挺舌反射消失，这样的话，婴儿不至于将食物推出口外。

(4)自己会抓食物，并能放入口中。

还有一点应该注意，婴儿自认为可以吃辅食了，并从盘中抓出食

物，品尝其中的味道，结果可能会导致婴儿胃部不适、便秘或不消化，也就是说，你会在尿布上发现完全没有消化的食物。这时你应该暂停，等几周后再试一试。

(二)如何喂辅食

(1)一开始不需要把婴儿喂到很饱，刚开始只是几汤匙的量，再慢慢地增加。当然要以孩子的意愿为根据。

(2)婴儿在极度饥饿时是没有心情去尝试新的食物的，在最初的几个星期，最好在吃完奶后来喂食物，两个最合适的时间是上午9~10点及下午3～4点。

(3)给婴儿吃新的食物，开始时一次只一种，每次1／4匙，一天吃一次或两次，每次渐增加分量。这样过了1个星期，如果没有过敏现象，才能再试另一种新的食物。婴儿在满6个月以前很容易对食物过敏而引起不良反应，在满6个月以后，有时也会有可能的。

(4)如果婴儿对某种食物有过敏反应，如出现气喘、皮肤红肿、屁股痛等现象，那么就得停吃1星期。这样再两次或三次，如果还是一样，则须停吃6个月以上。

(5)有点脏乱本来就是每个游戏里所少不了的。婴儿吃饭时觉得是做游戏，容易把衣服弄脏，所以当婴儿在吃东西时你可以给他用大围兜或是脱掉他的衣服(仅剩下尿布)，吃完后再带去冲洗。可以用旧报纸或塑胶垫放在高脚椅下面以保护地板(尤其是铺了地毯时)。

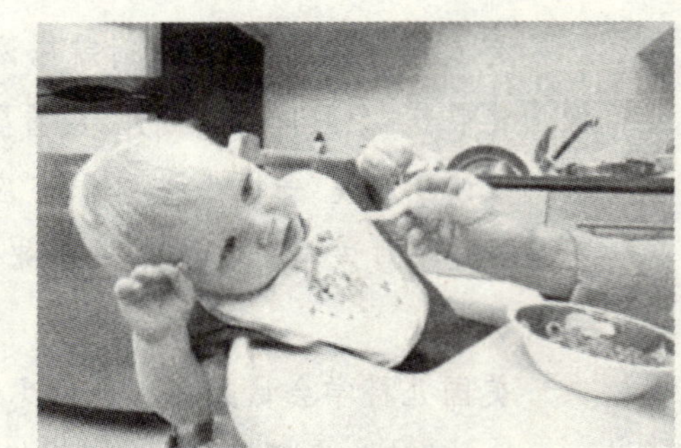

在喂食时应给婴儿戴上大围兜

(6)这时的婴儿对于任何不同的方式有极大的情绪反应，在婴儿练习自己抓取食物时，不要将他独自留在那里而离开。并要确认在他躺着时嘴里没有食物，以免卡在喉咙而呛到。

(三)婴儿辅食的制作

(1)制作辅食之前，要洗净手、食材及餐具，严格注意卫生问题。

(2)婴儿的牙齿及吞咽能力未发育完全，制作时要将食物处理成汤汁、泥糊状或细碎状，婴儿才容易消化。

(3)初期给予婴儿辅食时，食物浓度不宜太高，如蔬菜汁、新鲜果汁，最好加水稀释。

(4)辅食尽量采用自然食物，且最好不要加调味料，如香料、味精、糖、食盐等。

(5)在食材的烹煮方面，尽量不要太油腻。

(6)烹调后的辅食，不宜在室温内放置过久，以免食物腐败变坏。

(7)制作辅食要注意食物温度，不宜放置在微波炉中加高温，以免破坏食物中的营养素。

相关知识：

4～8个月大婴儿的辅食制作方法

1.4个月大婴儿的辅食制作方法

(1)蛋黄泥。取鸡蛋放入冷水中微火煮沸，剥去壳，取出蛋黄，加开水少许用汤匙捣烂调成糊状即可。把蛋黄泥混入牛奶、米汤、菜水中调和喂吃。

(2)猪肝泥。将生猪肝去筋切成碎末，加少许酱油泡一会。在锅中放少量水煮开，将肝末放入煮5分钟即可(还可用油炒熟)。混入牛奶、菜水、米汤内调和喂吃。

(3)菜泥。蔬菜种类很多，可交替给孩子食用。胡萝卜、土豆、白薯等，可将它们洗净后用锅蒸熟或用水煮软，碾成细泥状喂婴儿。菜类可选用白菜心、油菜、菠菜等，把菜洗净后，切成细末，再用少许植物油炒熟即可食用。

2.5个月大婴儿的辅食制作方法

(1)青菜粥。大米2小匙，水120毫升，过滤青菜汁1小匙(可选菠

菜、油菜、白菜等)。把米洗干净加适量水泡1～2小时，然后用微火煮40～50分钟，加入过滤的青菜汁，再煮10分钟左右即可。

(2)汤粥。把2小匙大米洗干净放在锅内泡30分钟，然后加肉汤或鱼汤120毫升，开锅后再用微火煮40～50分钟即可。

(3)奶蜜粥。将1/3杯牛奶、1/4蛋黄放入锅内均匀混合，再加入1小匙面粉，边煮边搅拌，开锅后微火煮至黏稠状为止，停火后加1/2小匙的蜜蜂即可。

(4)番茄通心面。把切碎的通心面3大匙和肉汤5大匙一起放入锅内，用火煮片刻，然后加入番茄酱1大匙煮至通心面变软为止。

3.6个月大婴儿的辅食制作方法

(1)蛋黄粥。将大米2小匙洗净，加水约120毫升泡1～2小时，然后用微火煮40～50分钟，把蛋黄碾碎后加入粥内，再煮10分钟左右即可。

(2)水果麦片粥。把麦片3大匙放入锅内，加入牛奶1大匙后用微火煮2～3分钟，煮至黏稠状，停火后加切碎的水果1大匙。可用切碎的香蕉加蜂蜜，也可以用水果罐头做。

(3)面包粥。把1/3个面包切成均匀的小碎块，和肉汤2大匙一起放入锅内煮，面包变软后即停火。

(4)牛奶藕粉。把藕粉1/2大匙、水1/2杯、牛奶1大匙一起放入锅内，均匀混合后用微火熬，边熬边搅拌，直到熬成透明糊状为止。

(5)奶油蛋。把蛋黄1/2个、淀粉1/2大匙加水入锅内均匀混合后上火熬，边熬边搅拌，熬至黏稠状时加入牛奶3匙，停火后放凉时再加蜂蜜少许。

4.7个月大婴儿的辅食制作方法

(1)蔬菜猪肝泥。将胡萝卜煮软切碎，取1小匙，与菠菜叶1/2匙加少量盐煮后切碎，和切碎的猪肝2小匙一起放入锅内，加酱油1小匙用微火煮，关火前加牛奶1大匙。

(2)香蕉粥。把1/6根香蕉去皮后，用勺子背把香蕉碾成糊状放在锅内，加牛奶1大匙混合后上火煮，边煮边搅拌均匀，停火后加入少许蜂蜜。

(3)猪肝番茄粥。把切碎的猪肝2小匙、切碎的葱头1小匙同时放入锅内，加米或肉汤煮，然后加洗净剥皮切碎的番茄2小匙，盐少许。

5.8个月大婴儿的辅食制作方法

(1)香蕉玉米面糊。把玉米面2大匙、1/2杯牛奶一起放入锅内，上火煮至玉米面熟了为止，再加剥皮后切成薄片的香蕉1/6根和少许蜂蜜煮片刻。

(2)肉面条。把面条放入热水中煮后切成小段，和2小匙猪肉末一起放入锅内，加海味汤后用微火煮，再加适量酱油，把淀粉用水调匀倒入锅内搅拌均匀后停火。

(3)虾糊。把虾剥去外壳，洗干净后用开水煮片刻。然后研碎，再放入锅内加肉汤煮，煮熟后加入用水调匀的淀粉和少量盐，使其呈糊状后停火。

(4)奶油鱼。把收拾干净的鱼放热水中煮过后搅碎，把酱油倒入锅内加少量肉汤，再加切碎的鱼肉上火煮，边煮边搅拌，煮好后放入少许奶油和切碎的芹菜即可。

(四)清洁婴幼儿餐具

(1)在清洁餐具的时候，可以使用一些温和的洗涤剂，洗净以后用清水冲洗掉洗涤剂。一定要保证餐具上没有残余的洗涤剂，否则会损害孩子健康。

(2)清洁完毕以后，再用热水冲一下，不需要用抹布擦干，自然晾干就可以了，因为抹布不一定干净，也许会有细菌存在。

第二节　婴幼儿起居照料

一、正确地抱领婴幼儿

(一)抱婴幼儿

1.抱的方式

(1)将一只手轻轻地插入婴儿的颈后，以支撑起婴儿的头部，另一只手放在婴儿的背和臀部，以托起婴儿的下半身，然后双手要同时轻柔、平稳地把婴儿抱起。施力要适当，以不惊吓婴儿为原则。

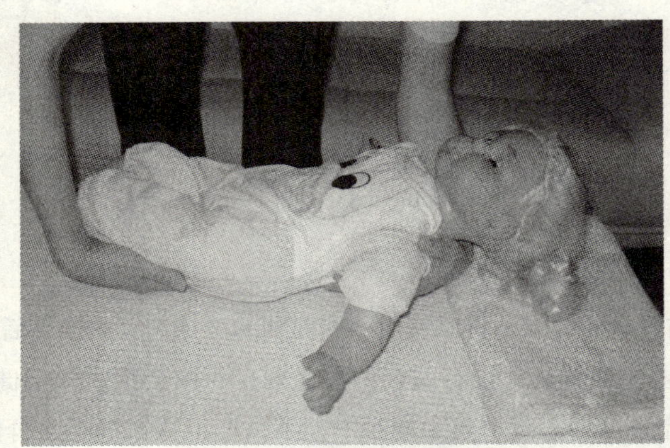

慢慢地将宝宝抱起来

(2)把婴儿抱起后，将婴儿的头放在肘弯处，使婴儿的头部略高出身体的其他部分，双手拖住婴儿的背及臀部。将婴儿靠近自己的身体，手依然托住婴儿的头、颈与臀部，脸部面向自己的身体。

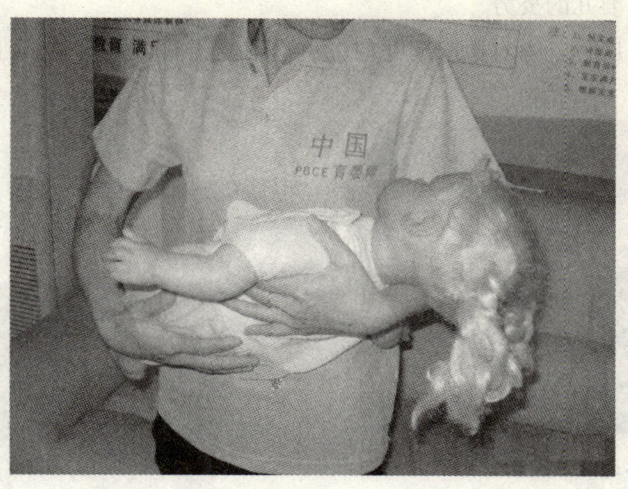

双手托住宝宝

(3)如果要把婴儿竖立抱起来，则要将托住臀部的手向下，另一只手向上，将婴儿身体直立起来，并将其头部靠在自己的肩上(与托住臀部的手同方向)，用手护着婴儿的头、颈与背部，婴儿的屁股枕在大人的手臂上。

(4)当婴儿能较好地控制自己的头时，就可以把双手放在婴儿的腋下抱起来，然后，用一只手臂弯曲托住婴儿的臀部，另一只手扶住婴儿的背部将婴儿立着靠在自己的肩上，或者另一只手插入婴儿的腋下扶住其肩膀。

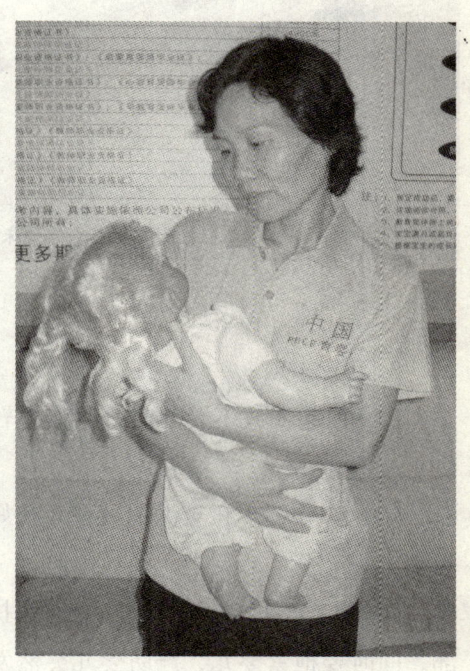

竖立抱宝宝

2. 放下婴儿的姿势

放下婴儿的姿势与抱起婴儿时的姿势基本一样，要轻柔、平稳。

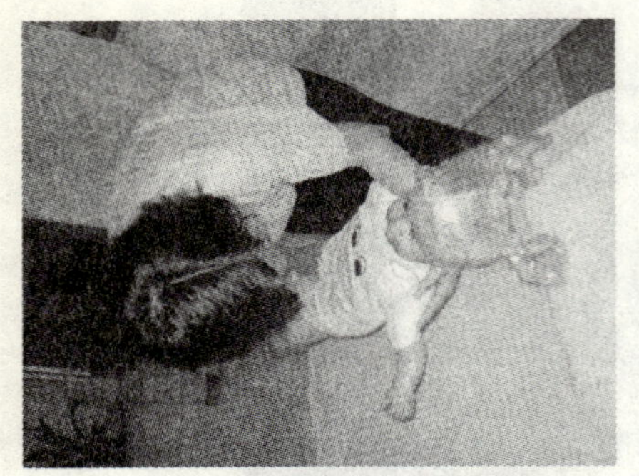

让宝宝贴近自己胸前，大人弯身

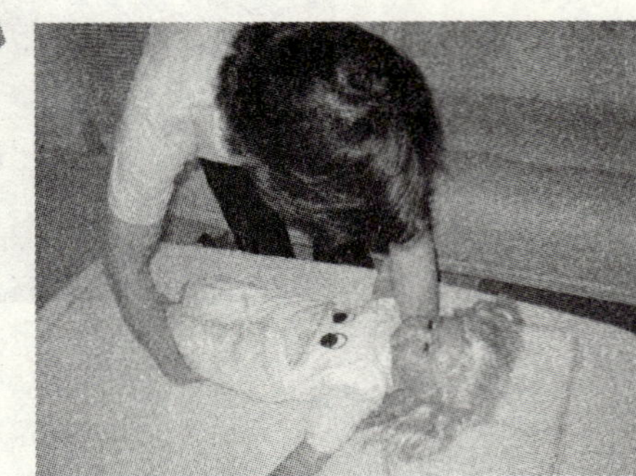

慢慢地将宝宝放下，臀部先放下

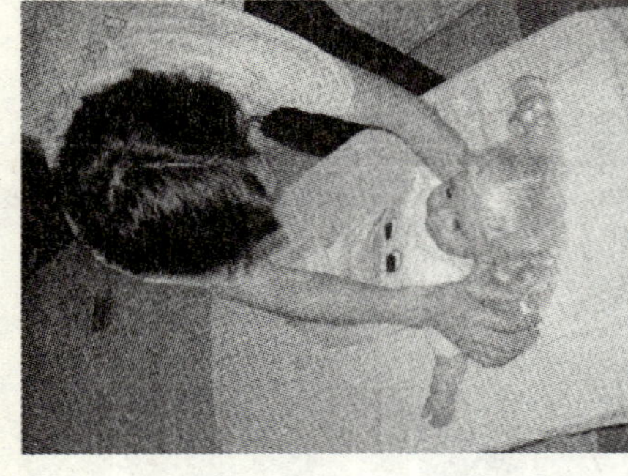

再将宝宝的头部放在
床上，手轻轻地伸出来

3. 注意事项

(1) 抱起或放下婴儿时，动作要轻柔、平稳、缓慢。

(2) 抱3个月以内婴儿时要注意扶好婴儿的头部。

(3) 抱3个月以上婴儿时应该注意扶住其背部。同时要抱紧婴儿，严防婴儿突然发力从你的怀中窜出。

(4) 严禁抱着婴儿从高处向下看风景，尤其不能抱着婴儿站在窗前并打开窗户向下看，以免婴儿突然发力从你的怀中窜出。

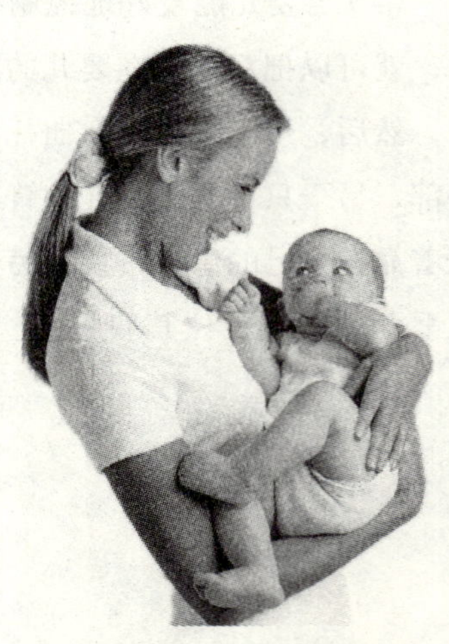

抱孩子一定要保护其背部

（二）领幼儿

（1）领幼儿时要握住幼儿的全手掌，如下图所示，注意不能过分牵拉幼儿的胳膊或突然间使劲拉幼儿的胳膊，这样会使幼儿的关节脱臼。

（2）走路时要顺着幼儿的速度，不要让幼儿追赶成人的步伐，防止幼儿疲劳或被伤害。

宝宝自己走路的时候一定要牵好她的手

二、照料婴幼儿穿脱衣服

（一）给婴幼儿穿脱衣服的一般程序

婴幼儿的骨骼柔软，动作发展得又不够协调，因此给婴幼儿穿脱衣服有一定难度，必须注意方法，以免伤着孩子，同时室温要适宜，整个过程注意保暖。

1.脱衣服

（1）把婴幼儿放在合适的位置上。让孩子平躺在床上，坐在床上或坐在成人腿上。

（2）脱下脏衣服。先脱下裤子和尿布，再脱上身的外衣、内衣等；如果是套头的衣服，要先脱下袖子，然后将衣服卷成一个圈，撑着领口从前面穿过婴幼儿的前额再穿过头的后部脱下衣服。

（3）换好干净的尿布或一次性尿裤。

2. 穿衣服

穿衣服的顺序是先穿内衣后穿外衣，穿完上衣再穿下身。如果是套头衣服，则要先将衣服卷成一圈撑着领口，先从脑后再从前面套下来，注意别碰着孩子的前额及鼻子，然后再穿袖子，如下图所示。

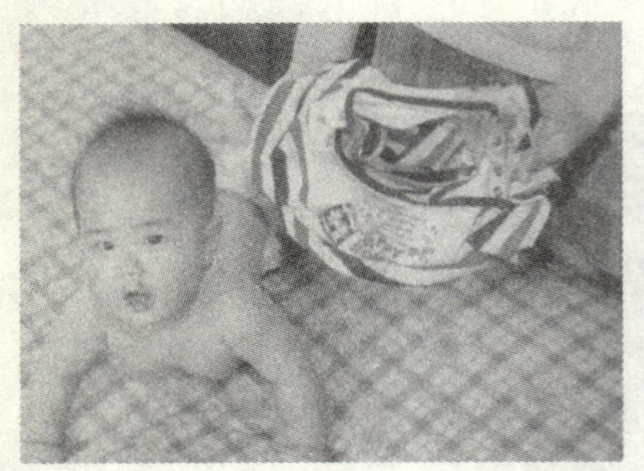

将衣服卷至领口

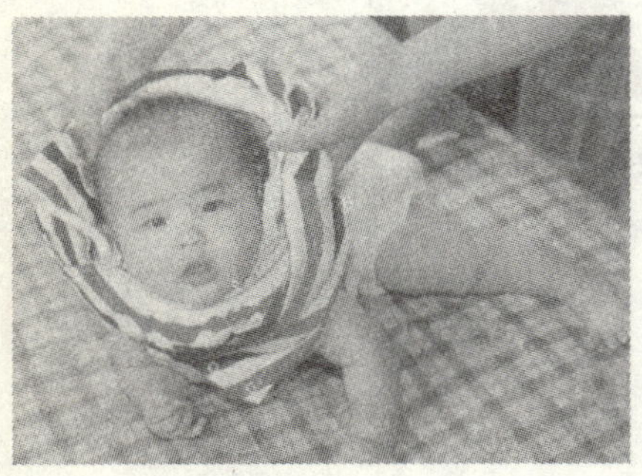

轻轻套进宝宝的头

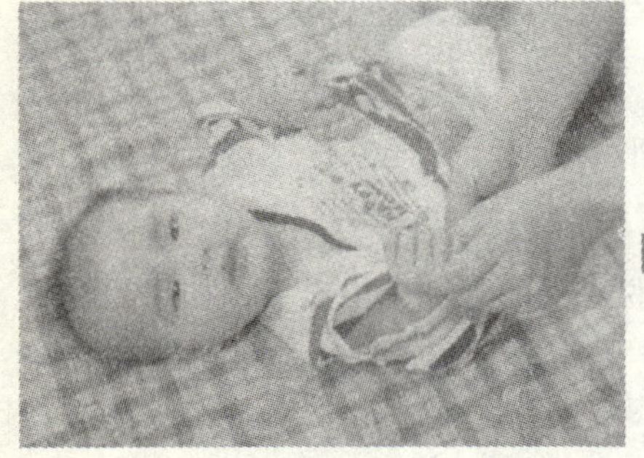

用手穿进袖口，顺着袖口将宝宝的手拉出来，如果袖口太长可先翻折

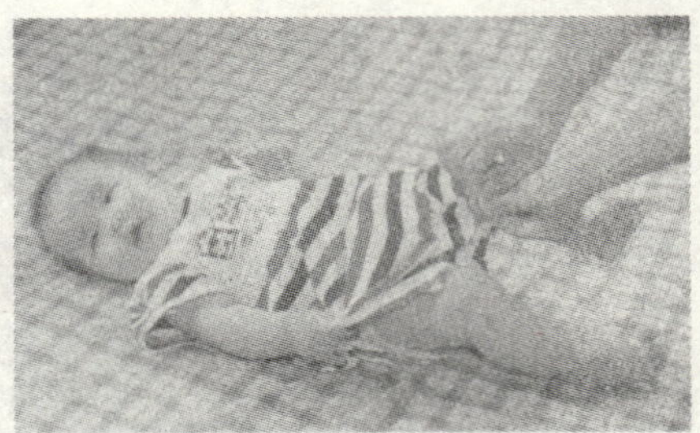

如果是有带子绑的衣服，注意不要把带子绑得太紧；如果是用扣子，须依序由下往上或由上往下扣起

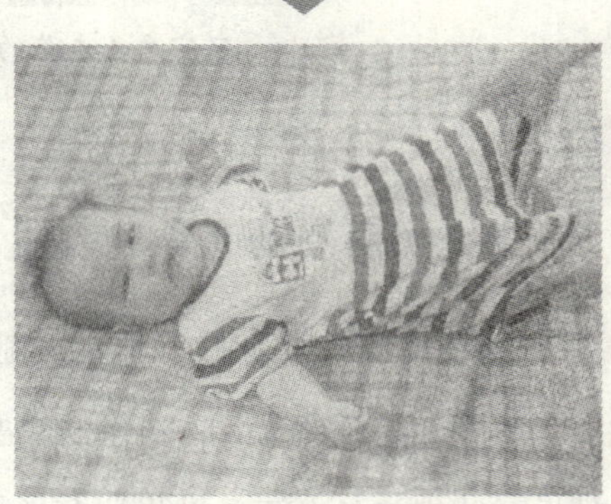

将宝宝的衣服拉平，动作宜轻

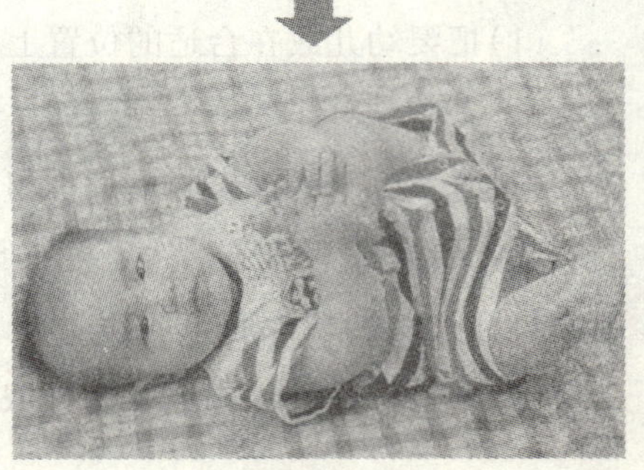

穿好了

（二）协助穿衣、脱衣的方法

如果你只是协助雇主帮孩子穿、脱衣服，则要从以下几个方面入手：

(1)做好准备工作。将准备更换的衣服、尿布找出，按穿、脱的先后顺序放好。

(2)选择合适的协助位置，站在旁边，位置最好既不妨碍雇主的动作，又能方便地接送衣物。

(3)穿、脱过程有序配合。注意力要集中，看雇主给孩子穿脱衣服的进程，以便随时将换下来的衣服、尿布接过来，放在适宜的地方，并递上准备更换的干净衣服。如果孩子哭闹，可以在一旁与孩子说话，逗孩子笑或用玩具吸引孩子的注意力。

(4)整理好穿、脱环境。给孩子换好衣服后，将该拿走的东西都拿走，弄脏的地方擦干净，并将换下来的衣服、尿布洗干净，或根据雇主的要求在合适的时间洗涤。

（三）常见衣物污渍的处理方法

(1)牛奶渍。先用冷水洗涤，再用加酶洗衣粉揉搓，最后漂洗干净。

(2)呕吐物。在洗前先将衣物上的呕吐物擦掉，其他同上。

(3)鸡蛋渍。如衣物上留有鸡蛋渍，洗涤时首先要将衣物放入冷水中浸泡1小时左右，再按一般方法洗涤。

(4)水果渍。可用苏打水先浸泡一段时间，再揉搓有水果渍的部位，最后按一般方法洗涤。

（四）婴幼儿衣物洗涤的注意事项

(1)婴幼儿衣物一定要漂洗干净，否则残留在上面的肥皂或洗衣粉将会对婴幼儿的皮肤造成损害。

(2)婴幼儿衣物不要与成人衣物混在一起洗涤。

(3)不要将沾有大便的衣物与其他衣物混在一起，并且要先将粪便除去，然后再洗涤。

(4)沾有小便的衣物最好先将尿液冲洗掉，再按一般程序洗涤。尿布与衣物分开放置，先浸泡→洗涤→开水烫→太阳晒，最后整理放置。

三、照料婴幼儿大小便

(一) 婴幼儿大小便的规律

(1)一般在吃奶、喝水之后15分钟左右就可能排尿，然后隔10分钟左右可能又会排尿。了解规律后就可以有意识地给小孩把尿。

(2)吃母乳的婴儿一天可能大便3～5次；喝牛奶的婴儿一天大便一次居多，有的可能两天大便一次，容易便秘。

(3)婴儿大便前一般会有些表现，如发呆、愣神、使劲等，如果你及时发现抱起他大便就可能成功。

(4)3～6个月的婴儿，有的大小便已很有规律，特别是每次大便时会有比较明显的表示，夏季炎热的时候可以不用给婴儿裹尿布，以防出疹。

(5)6个月以上的婴儿每天基本上能够按时大便，形成一定的规律，定时把大便成功的机会比较多。但还不能自己有意识地控制大小便，只是条件反射性地排便排尿，还是要靠大人多观察，比如有的排大便前脸部会有表情，自己会“嗯嗯”地示意。

(二) 适时训练婴儿大小便

(1)婴儿一般1～2个月就可以开始训练把大小便了，最初在睡前和醒后。

(2)也可在每天早上吃奶后、晚上睡前试着把一把，这个阶段训练大小便不一定成功，不必着急，更不能强迫。

(3)可以在给婴儿把大小便时用“嘘嘘”声作排便信号，帮助形成条件反射。

(4)从5～6个月开始，可以在婴儿喝完奶后让孩子坐盆，这样天天坚持，反复进行，就可以逐步使婴幼儿形成定时排便的习惯。

提醒您：

不能因为怕宝宝尿湿衣服，就过于频繁地把小便，甚至带有强迫性质，这样有可能会造成尿频，不利于增加膀胱的储尿量。

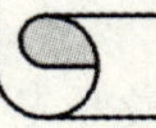

(三) 及时更换尿布并清洁臀部

(1)一旦发现婴幼儿大小便后要及时更换尿布，否则容易患尿布疹等疾病。

(2)婴幼儿每次大便后要及时清洁臀部。

相关知识：

要注意大小便的变化

婴幼儿的大便有时会发生变化。如一天拉的次数比平日多些或稀些，有时从大便中还能看到一些颗粒、菜末等，只要婴幼儿没有不舒服的表现，这些都属于正常。但是如果大便明显地与以往不同，如呈黑色、便中带血丝或脓液、黏液等，就要引起充分的重视。因为大便的变化，很可能是某些疾病的征兆。大便的形状和气味的变化比次数和颜色的变化更重要，因此，在照料婴幼儿大便时，尤其应注意观察这两方面的变化。

第三节　异常情况的发现与应对

看护婴幼儿工作中最重要的职责首先应是保障孩子的健康与生命安全。一般婴幼儿不舒服或生病前总有一些征兆，如果服务员平日能养成“察言观色”的习惯，就是多注意看脸色、听哭声、察看大小便以及摸额头等，那么，一旦婴幼儿出现异常情况就能及时发现并及时采取措施，从而确保婴幼儿的健康和安全。

一、婴幼儿的异常表现

（一）哭声不停

婴幼儿喜欢啼哭是人们的共同认识，当孩子饿了、便溺了、愿望得不到满足时又无法以语言进行表述都会以哭来表示抗议。正常情况下孩子的哭声是清脆、响亮、悦耳的，当其愿望获得满足时就会破涕为笑。

若孩子哭声不停，无论给人以尖叫感还是沉闷感，且给他吃奶、喝水、吃糖、哄逗后仍是啼哭不止，给他玩平时爱玩的玩具、吃平时爱吃的东西也不能使其平静，情绪一反往常，则说明孩子已发生异常或不适。这时应该密切观察，并将情况报告孩子的父母或亲人，必要时应立即看医生。

(二) 精神状态不好

健康的婴幼儿均具有好动的习惯，且精神饱满，当他吃饱时便会手舞足蹈，表情愉快，会学着与你说话。若孩子一旦出现表情淡漠、不喜言笑、不爱睁眼睛、吃饱后逗他反应迟缓或无反应等精神不振的表现，便要提高警惕，且要密切观察，并将情况报告孩子的父母或亲人，但最好还是立即就医。

(三) 没有食欲

当发现孩子突然改变了原有的饮食习惯或饮食兴趣，并伴有哭闹，给他吃奶他也予以拒绝，过一会再给他吃仍然拒绝，或吃得很少，给他平时很爱吃的东西也还是拒绝，这可能是孩子已患病但尚未表现出明显的症状，应密切观察，且要将情况报告孩子的父母或亲人，但最好还是立即就医。

(四) 睡眠时间少、睡得不安静

婴幼儿时期其睡眠时间远比成人要多得多，且睡觉时均较熟。孩子年龄愈小睡眠时间愈长，初生婴儿每日需睡15小时以上，12个月至2岁的孩子每日需睡13小时左右，3岁至6岁的孩子一般每日需睡12小时左右。如果发现孩子每日睡眠时间减少，夜间睡得不安静，经常翻身且容易惊醒，如没有引起他不睡觉的因素，就应该密切观察，看是否有潜在的疾病存在或缺乏钙质，且要将情况报告孩子的父母或亲人，必要时应就医。

(五) 便溺情况变化

平时婴幼儿小便较多，颜色淡黄且清晰。若孩子出现小便次数少且便量也减少，颜色发黄、浑浊，说明孩子可能已在发热。一般情况下婴幼儿每日大便3次左右，如果孩子出现大便次数减少，或大便次数明显增多，且有黏液相混，则说明孩子可能已在生病。应立即将情况报告孩子的父母或亲人，并请医生诊治。

(六) 呼吸不正常

一般情况下孩子的呼吸都较为均匀而平静。如果孩子出现呼吸急促、表浅，呼吸深重或困难，甚至面色青紫、口唇发紫、手脚冰凉，多表明孩子在发热，或

患有其他呼吸系统或心血管系统疾病，或有呼吸道异物，在密切观察的同时要立即将情况报告孩子的父母或亲人，且应立即看医生。

以上为婴幼儿常见的异常情况，若不仔细观察有时是很难发现的。一般说来如果有几种情况同时出现，往往说明孩子已经患病，由于孩子患病具有起病急、变化快的特点，服务员在护理婴幼儿时，必须密切观察，做到早发现、早诊治，才有利于孩子的健康成长。

二、正确处理婴幼儿的轻微外伤

(一) 擦伤

主要是身体某个部位，如脸、手、腿等处的皮肤被一些粗糙的东西擦破，出现一些擦痕、小出血点等，这是在婴幼儿身上最经常发生的外伤。表皮擦伤，首先可用凉水冲洗伤口直至口上的脏物都被冲掉，然后在伤口表面涂上红药水或紫药水(面部不涂紫药水)即可。

(二) 跌伤

婴幼儿天性活泼好动，喜欢爬上爬下，但协调和自我控制能力又差，因而在活动中很容易发生跌伤。大多数跌伤一般只造成局部的损伤，如表皮的擦伤，或渗血、出血，其处理的方式同表皮擦伤和一般出血基本一样。但如果孩子跌伤后出现神情呆板、反应迟钝、面色苍白等情况，则表明可能是内脏或脑子出现损伤，就应立刻带孩子去医院，如有延迟很可能会造成生命危险。

(三) 扭伤

多发生在婴幼儿四肢的关节部位，由于肌肉、韧带等软组织受到过度牵拉而造成损伤。受伤部位可出现青紫色、疼痛、肿胀、活动不灵活。一旦发现孩子受伤，要立刻停止孩子的活动，及时向雇主反映，并根据雇主要求及时送孩子去医院。

(四) 鼻出血

鼻出血是儿童期比较常见的特殊部位的出血。许多原因都可引起，如鼻黏膜干燥、挖鼻孔、用力擤鼻涕、鼻外伤以及各种血液病等。一旦出现鼻出血可采取

以下做法：

(1)安慰孩子不用紧张，并让其躺在床上。

(2)将消毒棉花或纱布塞进出血一侧的鼻孔内止血。

(3)在孩子的前额和鼻部用湿毛巾冷敷。

(4)止血后2～3个小时内不要让其做剧烈运动。

(5)如果上述处理无效，鼻出血仍不止，要立即带孩子上医院处理。

三、正确处理婴幼儿的轻微烫伤

(一)判断烫伤的程度

烫伤按其严重程度可分为三度：一度仅损伤皮肤的表层，出现局部红肿，但没有起水泡；二度伤及真皮，皮肤受伤处呈淡红色或苍白，还出现水泡，疼痛剧烈；三度烫伤程度较深，伤及皮下组织，肌肉甚至骨骼，可出现昏迷，休克等症状。一旦发生烫伤必须首先判断烫伤程度，然后才能采取相应的措施。

(二)对轻微烫伤部位进行必要的处理

1.一度烫伤

如果属于一度烫伤，可将受伤部位用食盐水或凉开水清洗干净，然后生涂上蛋清、植物油或肥皂等，即可止痛和消肿。

2.二度烫伤

对二度烫伤，可视具体情况决定应采取的措施。如果水泡不是很大，且没有破(不能弄破)，则可用75%的酒精将水泡周围消毒，然后用消毒纱布包扎，待其干燥后自愈即可。如果水泡面积较大，或已破损，则要及时去医院处理。

3.三度烫伤

如果属于三度烫伤，则要马上送到医院接受治疗，并注意在送往医院的途中，要用干净的纱布或被单盖住受伤部位。

第四节　0～3周岁婴幼儿卫生保健(中高级)

一、1 周岁以内婴儿的日常保健

(一)婴儿衣着的准备与清洁

1.衣着的准备

(1)婴儿的衣着要有利于促进孩子的生长发育。6个月以内的婴儿生长发育迅速，要像成人那样量体裁衣，为婴儿准备衣服要选用柔软、吸水透气性好的纯棉布料制作，式样要简单宽大，尽量不做套头之类衣服。婴儿最好穿开襟衫，衬衣要做领子，可以翻出遮盖外面的衣领。裤子上的松紧带不能太紧，尽量松些，以免影响婴儿胸廓发育，造成肋外翻。

(2)衬衣、衬裤要多备几件。家庭服务员可建议孩子的父母为婴儿准备四季的衣着时，衬衣、衬裤要多备几件以便经常换洗。婴儿经常尿湿裤子，因此，棉裤要多备几条，最好做成背带裤，一般冬季棉裤备3～4条，棉衣2～3件，衬裤4～5条。春秋季单裤3～4条，毛线衣2～3件，应织圆领，这样不会接触皮肤，毛线裤2～3条。另外，备3～4件反穿汗衫或背心，也可以做三角裤给婴儿穿。

(3)根据季节、气温的变化选用适宜的穿着。婴儿的衣着要根据季节、气温的变化选用适宜的穿着。只要摸婴儿的颈后皮肤或腹部又潮又热，就说明婴儿穿得太多了；如果摸着婴儿身体是冷的，嘴唇发青而且哭得厉害，那是穿得太少了。婴儿的衣着要宽松便于穿脱，冬天保暖、夏天凉爽就行了。

2.为婴儿穿脱衣服

(1)动作必须轻柔、迅速。粗心或急促的动作容易惊吓着孩子。

(2)穿衣服时要先把替换的衣服准备好，如在冬天最好先用热水袋或者其他取暖方法把衣服烘暖，这样可以节省时间，避免孩子因换衣服着凉。也可以在被窝里由大人抱在怀里换衣服。

3.清洗婴儿衣服

(1)由于肥皂会对婴儿柔嫩的皮肤有刺激作用，换下的脏衣服用肥皂清洗后，一定要漂洗干净。

(2)衣服要放在太阳下晒干，或在自然风下吹干，尽量不要在室内阴干，这样的衣服穿在身上不舒服，没有干燥滑爽感，而且也不卫生。

(3)婴儿干净的衣服要单独存放，储藏时不要用樟脑丸。

(二)出牙的护理

婴儿长到6个月时就开始出牙，出牙的护理很重要。

(1)婴儿出牙时常会出现流涎。家庭服务员可以给婴儿围个围嘴巾，或者在下巴下面垫块吸水性好的纱布，湿了后及时更换，经常用温水洗净下巴并擦些油。

(2)出牙时有些婴儿会表现出不安、哭闹、爱咬东西，吃奶时会咬奶嘴。在婴儿萌牙期间可以让孩子咬硬一点儿的安全东西或食物，如牙训器、硬饼干、烤馒头片等，让婴儿放在嘴里咬一咬。

(3)当婴儿牙已萌出，这时婴儿爱将拿到手的东西送嘴里咬，要经常让他咬硬物。应将玩具等物品清洗干净，保持清洁，有毒性的、尖角锋利的东西不能让婴儿拿到，以防意外事故发生。

(三)牛奶过敏的护理

有些婴儿会对牛奶出现过敏症状，如腹痛、腹泻、呕吐、出湿疹、荨麻疹、哮喘等，有的婴儿大便里还会出现血迹。这种牛奶过敏症状在医学上叫做“牛蛋白过敏”症。虽然牛奶过敏发病率不是很高，但还是很普遍的。一旦发现婴儿出现牛奶过敏症状，应立即停止牛奶的喂食，改用其他乳制品，如豆奶、代乳粉等。

选择代乳品时要尽可能选用营养成分接近母乳的代乳品，另外，还可以采取牛奶脱敏法使婴儿逐步适应牛奶。其方法是：在用过代乳品两周之后，试喂10毫升煮沸过的鲜牛奶(不能多)，如果反应不严重，三天后喂鲜牛奶15毫升，如果反应仍不严重，隔三天再喂到20毫升。随着奶量逐渐增加，间隔时间也随之逐步缩短，如果症状不再加重反而减轻，说明脱敏有效果，可以逐渐恢复正常牛奶喂养。如果症状随脱敏的方法越来越深，则说明脱敏无效，不能再喂牛奶，只能用代乳品哺喂。

(四)适时晒太阳

适时晒太阳，有利于孩子的生长发育。1～6个月的婴儿是佝偻病发病率最高的时期，晒太阳可以减少佝偻病的发生。

(1)带婴儿到户外晒太阳要尽可能裸露孩子的身体。冬天天冷时可以脱去尿布让婴儿臀部晒太阳，天稍微暖和些可以把婴儿的袖子、裤腿卷起来，四肢直接接触阳光。

(2)冬天以上午10点后抱婴儿去户外晒太阳为宜，夏天烈日酷暑时，要利用8点以前或者傍晚日落时的阳光，也可以抱孩子在树荫下接受反射阳光。夏季一般让孩子每天接触2小时的日光，孩子体内就储藏了足够的维生素D_3。

(3)给孩子晒太阳，必须逐步增加时间，避免曝晒。

(4)在室内给孩子晒太阳一定要打开窗子，让孩子直接接受阳光。

二、1～3周岁幼儿的日常保健

(一)及时让幼儿丢掉奶瓶奶嘴

有些幼儿到了1岁左右还喜欢用奶瓶奶嘴，这是坏习惯。家庭服务员在平时照顾幼儿时，一定要帮助幼儿克服这一不良习惯。

1.对雇主阐述清楚幼儿吮吸空奶瓶的利弊

有的幼儿还喜欢吮吸空奶瓶，整天吸着奶嘴不放，孩子在吸奶嘴中得到愉快与满足。有的家庭服务员怕幼儿哭闹，只要幼儿一哭就往孩子嘴里塞奶嘴，久而久之形成了习惯。吸空奶嘴虽没有吞下食物，但通过神经反射能引起多种消化液的分泌，若没有食物中和，消化液本身也会引起消化道的疾病。另外，还会把大量的空气吸入胃内，会引起小儿吐奶、腹胀、腹痛等。有的幼儿每时每刻都捧着奶瓶，无论吃饱了还是睡觉时都咬着奶嘴，一旦把奶瓶拿开就哭闹，这样的习惯就更要改正了。含着奶嘴睡觉容易发生奶液倒入呼吸道、气管内，导致咳嗽、异物性肺炎、窒息等症，也会由于吃奶时间过长，冷奶进入胃内容易造成呕吐、腹泻、胃炎、消化不良，影响幼儿的消化吸收功能，产生各种发育不良症。长期咬橡胶奶嘴，还容易引起高锌症，使幼儿头发稀少、无光泽和影响智力发育。长期用奶瓶奶嘴会引起乳牙排列不齐，并对将来横牙萌出带来不良影响。

所以，在为改掉幼儿不良习惯时，作为家庭服务员一定要对雇主阐述清楚这种习惯的利弊，以征得雇主的理解和支持。

2.让幼儿丢掉奶瓶奶嘴的方法

无论是母乳喂养、混合喂养还是人工喂养，到了一定的时候必须按月龄添加

必要的辅助食品，提早培养用匙喂饭，这同时也能锻炼幼儿的咀嚼能力，为断奶创造条件。

（二）锻炼咀嚼能力

幼儿长到1～2岁牙齿已有10多颗，已经具备咀嚼食物的能力，而且也应该培养他们的咀嚼能力。

1.给孩子一些粗纤维的食物吃

锻炼幼儿的咀嚼能力可给孩子一些粗纤维的食物吃。因这时幼儿的咀嚼能力毕竟还有限，所以，食物纤维不能过长，要切细些。肉要切成肉丁或肉末，并选择肉质嫩的部位。平时给孩子一个苹果、一块烤馒头片之类的食物，让他们去咬、去啃、去嚼。

2.教他慢慢嚼

幼儿吃东西时要教他慢慢嚼，并且叫他们两边牙都要咀嚼，以防两边咀嚼肌发育不一而导致两侧脸大小有别。

提醒您：

家庭服务员要多让幼儿咀嚼，同时要考虑到孩子消化能力的不足，食物还需要切碎煮烂(不能过烂)。尽可能不使食物纤维嵌入幼儿的牙缝里，万一嵌入牙缝，可以用线轻轻提拉清除，并继续鼓励幼儿咀嚼。

（三）少吃零食

一般零食中所含的营养素是很少的，根本不能满足幼儿生长发育的需要。经常吃零食会使胃肠一直处于工作状态中，胃中存有食物，孩子就失去了饥饿感，从而影响正常的进食。甜食吃多了会在肠内发酵、胀气，还会给细菌繁殖创造条件，容易导致腹泻。因为幼儿的消化功能本来就不完善，吃零食反而加重了胃的消化负担，致使胃肠功能渐渐衰退，妨碍了营养的吸收，使幼儿的健康受到影响，造成营养不良。而幼儿不吃零食，既不影响健康，又能保持正常的饮食规律，幼儿还会长得更好、更健康。

让孩子少吃零食的方法是：

(1)转移他的注意力。带他到户外去或在家里多陪他做游戏，这样他就会忘记那些零食。

(2)买点健康的零食，例如牛奶、酸奶、奶酪、蜂蜜、新鲜水果或果汁、全麦饼干或面包，各类坚果如开心果、核桃仁、板栗等，让孩子多吃点水果，把水果当零食来吃。

(3)和孩子积极沟通，告诉孩子哪些零食对他的身体有好处，吃了后头脑会变得很聪明，身体会长得结结实实，哪些零食属于“垃圾食品”，吃多了身体就会变成“垃圾筒”。

提醒您：

对于学龄前儿童，食用坚果类零食一定要注意安全，防止由于食物呛入呼吸道、梗塞食道引发危险。在吃花生米、瓜子时，一定要在旁边看护，不要让孩子一边玩耍一边吃，也不要在孩子哭闹时给予零食。

(四)尽早换掉开裆裤

2岁的幼儿就不能再穿开裆裤了。此时幼儿已有控制大小便的能力，如果再穿开裆裤可能会使幼儿养成随地大小便的习惯。

家庭服务员要提醒、教育幼儿有便意就马上去厕所。另外，可以给幼儿的开裆裤外套一条松紧带的满裆裤做罩裤，以减少穿脱的麻烦，当然，若在夏季，可以只穿一条松紧带的罩裤。这样，既方便幼儿的穿脱，又符合卫生要求。

(五)不要撕扯手指倒皮刺

我们常常会看到幼儿手指前端有倒翘的小皮刺，这是由于小儿手指皮肤粗糙不润，又不注意保护造成的。幼儿常会用手撕扯这些倒皮刺，家庭服务员要及时阻止他们，并告诉他们有了倒皮刺要让大人处理才好。

若发现幼儿手指有倒皮刺，可以用剪刀或指甲刀把倒皮刺紧贴指肉剪去，但不能剪得太深，然后在创面涂上消炎药粉、药剂或消毒剂。如果幼儿的手指已经

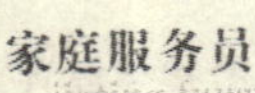

感染，出现红、肿、痛时，应及时去医院处理。

第五节　学前儿童家庭教育(高级)

小儿出生后经过三年的发育，进入学龄前期，这是人一生中很重要的时期，人的许多基本能力在这个年龄阶段形成，如口头语言、基本动作以及某些生活习惯等，性格在该期初步形成，所以，不能忽视这一时期的教育及心理护理。

一、学前教育的原则

(一)培养儿童独立自主性原则

独立自主性就是在学前教育中充分尊重儿童的主体性、独立性，让儿童凭借自己的经验和能力主动进行各种活动，杜绝包办代替。具体说，就是通过适当的训练使儿童学会自我服务、独立做事、独立思考，使其摆脱传统行为方式的束缚和局限，不事事依赖外力的帮助，不受别人的指示或暗示，不人云亦云，不屈从他人的压力，不受外界偶然因素的影响。

1.生活方面

通过生活技能的培养树立儿童正确的生活态度。其内容包括：学习扣纽扣、穿衣服、穿鞋子、系鞋带，自己洗手、洗澡、刷牙、剪指甲；自己吃饭，会使用筷子、汤勺、餐巾，会正确进餐；自己叠被子，整理自己的床铺；区分自己与他人的物品等。

2.动作方面

要注意让儿童学习控制自己的动作，从而使儿童了解自身与社会的关系。首先，学习各种各样的基本动作。其次，培养儿童运用高级神经中枢(大脑)来控制自己的动作。在进行这项练习中，要从儿童的肌肉、感觉器官协调的练习开始，使儿童养成由大脑指挥自己动作，而不是以情绪指挥动作的习惯。

其内容包括：走直线、曲线；起立、坐下；开门、关门；搬运碗、盘、家具以及走、跑、跳、爬、平衡等基本动作。此外，还包括“安静”地学习。

要想达到“安静”是十分不容易的，这是需要长期的训练才能达到的目标。安静是由大脑控制自己身体的各肌肉、感觉器官保持静止状态。这不仅需要儿童对自己身体各部分的肌肉、感觉器官有着良好的控制能力，而且还要求儿童有着很好的意志品质。因此。如果想让儿童做到安静，就要在平日训练儿童如何控制自己的动作。

“安静”的训练内容：控制肌肉的训练、控制声音的训练、控制呼吸的训练以及最高层次的心态训练。当然这些训练不是僵硬的动作训练，而是通过有趣的游戏，使儿童在身心愉快的状态下来完成的。

3．关注环境

通过让儿童关注自己周围的环境，来培养责任感，如培养儿童清洁桌椅、擦洗器皿、浇花、锄草、饲养小动物等。

4．待人接物

培养儿童与人相处的社会行为。见到长辈要问候，见到同学要问好，离开时要说再见，用餐时要注意餐桌礼仪等。凡一切待人接物应有的礼貌，都要在实际生活中进行训练。

（二）促进思维的原则

学前教育一方面要适应幼儿的思维发展水平，另一方面要帮助幼儿掌握越来越复杂的思维方法，促进幼儿思维发展。由此，家长和教师要多让幼儿接触实际，观察事物，并加以集中、分类、比较，鼓励幼儿经常思考。

（三）依靠自身发展的原则

真正的教育是潜移默化的，而不是强加于人的。学前教育也一样，只能在幼儿毫无对抗情绪的情况下进行，促使他们自愿地得到发展。因而，教育者的主要任务就是创造各种能给幼儿带来新感受的环境，以帮助他们从各种感受中获取新知识。

（四）重视能力培养的原则

知识只有成为智力活动的推动力才具有价值。学前阶段，应该让幼儿依靠自己的努力去发现周围五彩缤纷的世界，逐渐丰富感性知识。为此，教育者不应该

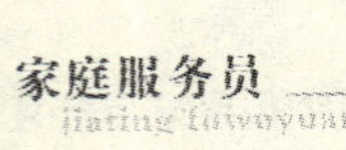

把精力放在毫无意义的知识罗列上，而应该明白一切活动都是为了发展幼儿的注意力、感觉能力、知觉能力、观察能力、记忆能力、想象能力、推理能力、语言能力和审美能力等。

(五)面向未来的原则

培养幼儿的创造性，让幼儿能更好地适应未来的生活。教育者应该引导幼儿思考，发现并鼓励他们的新想法，在创造性方法的运用中提高幼儿的创造能力。

(六)追求人格平衡发展的原则

追求幼儿的全面、和谐发展，培养良好的个性，是当前世界学前教育的一个重要趋势。学前期是幼儿个性形成的重要时期，学前教育应为幼儿未来的人格形成打下基础，只有基础牢固，人格才能得到均衡发展。幼儿的个性是在社会团体中，依靠集体的力量得到发展的。因此，在给予幼儿个人活动机会的同时，应给予他们参加社会活动的机会，并教给他们在社会中生活的方法。

二、学前教育的方法

在学前教育实践中，一般采用操作法、游戏法、言语法和临床法等。

(一)操作法

“儿童的智慧在他的手指尖上”，这是前苏联教育家苏霍母林斯基的名言。瑞士著名心理学家皮亚杰也认为，物质的操作活动是认识和智力结构的起源，儿童的智力结构是通过个体与环境的操作活动主动建构的。没有物质的操作活动，儿童不能实现智力运算。这些理论告诉我们，在学前教育过程中，应该采取操作法，即教育者要为学前儿童提供便于动手操作的合适的学习材料，使学前儿童通过手的直接感知去探索、认识对象的属性，通过手脑并用来发展他们手的动作、开发智力。

运用操作法时应注意：

(1)要为学前儿童提供必要的、可操作的学习材料，要防止提供的材料只能看、不能动，并要保证充分的操作时间。

(2)教给学前儿童操作的方法，在操作过程中，及时给他们指导与帮助，使他们能获得尝试学习与自我教育的成功。

(3)结合其他方法，引导学前儿童自我评价，培养他们的探索精神。

(二)游戏法

游戏是学前儿童最喜欢的活动，也是他们一日生活中最主要的活动。游戏法是指教育者寓教育于游戏之中，根据不同的教育内容，组织学前儿童开展各种各样的游戏活动，使学前儿童在玩中学，在愉快中发展。

在教育过程中，运用游戏法时应注意：

(1)要根据学前教育的具体任务来确定游戏的种类。

(2)以学前儿童身心发展水平为依据，确定游戏难度。

(3)在游戏过程中，教育者应注意引导督促学前儿童遵守游戏规则，充分发挥游戏的教育作用。

(三)言语法

言语法是指教育者以口语为媒介来组织、指导学前儿童的活动，调控他们活动的发展，促进他们的思维向高一级发展的一种学前教育方法，也是学前教育过程中运用最广、最多的一种教育方法。它通常包括讲述、讲解、谈话和评价等方式。

1.讲述

讲述即教育者借助口语生动地叙述教育材料。这种方法不受时空条件限制，随时随地皆可进行。讲述要求语言生动简洁。

2.讲解

讲解是指教育者用口语向学前儿童解释和说明教育材料内容，帮助他们理解教育内容的一种方式。解释要求条理清晰、逻辑性强。

3.谈话

谈话是指教育者与学前儿童一起围绕某一教育内容、主题相互提问和答问，以启发学前儿童思维。谈话要求所谈的内容是学前儿童已感知经验过的，所谈的主题符合学前儿童的实际，所提的问题要围绕主题，具体明确，富有启发性。在谈话过程中还要培养儿童注意倾听的好习惯。

4.评价

评价是指教育者对学前儿童的活动及其结果或行为表现给予口头上的肯定或否定。肯定是对学前儿童的表现给予表扬与奖励，使他们知晓自己的长处；否定

是对学前儿童的表现给予批评或惩罚，使他们明白自己的短处，以救失补短。对学前儿童的评价应该是适度的，既要避免表扬得使他们骄傲自满，又要防止批评得损伤了他们的自尊心。所以，评价时不能滥用表扬和批评。

（四）临床法

临床法就是指教育者参与到学前儿童的活动中，及时指导和帮助他们，使活动顺利进行，以达到活动目的的一种教育方法。它的作用在于给学前儿童提供操作模仿的榜样，及时纠正他们错误的行为方式，改变不良习惯等，并获得正确的知识，形成正确的技能技巧。临床法包括演示和示范两种方式。

1.演示

演示是指教育者在活动中向学前儿童展示各种具体形象的教具材料并进行示范操作的方法，常用于学前儿童的学科学活动中，如科学小实验的演示。采用这种方式要与讲解结合起来，帮助学前儿童把注意力集中到演示对象上来。

2.示范

示范是指教育者在活动中使语言与动作相结合，使抽象概念具体化的一种方法。示范可分语言示范和动作示范、语言和动作相结合的示范、完整示范和部分示范等。不管哪种示范，采用示范法要注意语言的清晰、规范；动作要明了、正确，示范速度和难度适中，便于儿童正确模仿，掌握要领。

第六节　学龄初期儿童家庭教育(高级)

学龄初期是指儿童从六七岁到十一二岁这一时期，这时儿童进入学校，开始以学习为主导活动。学龄初期大致相当于小学教育阶段。学龄初期儿童在生理或心理上都处于迅速发展时期。学校教育占据了学龄初期儿童所受教育的重要部分。但是，如果家庭服务员在家庭教育中注意以下几点，则有助于巩固学校教育成果，形成儿童健康的人格。

一、学龄初期儿童的一般特征

儿童进入学校，这在他的生活上，在他的心理发展上，都是一个极端重要的事件。学龄初期儿童具有以下特点：

(1)学习逐步成为儿童的主导活动，学习与儿童的心理互相促进，交互发展。

(2)逐步掌握书面语言和向抽象逻辑思维过渡，为以后的青少年时期掌握一定体系的科学知识奠定基础。

(3)儿童有意识地参加集体活动，个性的形成和发展占有重要地位。

二、培养良好的学习习惯

学习习惯是在学习过程中经过反复练习形成并发展，成为一种个体需要的自动化学习行为方式。学习习惯一旦养成，就会成为一种潜移默化的力量，对人的学习和行为产生各种各样的影响。

良好的学习习惯包括什么？又怎样去培养呢？

(一)按计划学习的习惯

学龄儿童的主要任务是学习，同时还有劳动、文娱活动、体育活动、游戏、交往等内容。指导学龄儿童制订计划，应该包括德、智、体各方面的安排，学习是其中的重要部分。

1.计划的内容

学龄儿童的计划包括每天的时间安排、考试复习安排和双休日、寒暑假安排。计划要简明，一般为什么时间干什么，达到什么要求。

对于每天的计划安排，星期一至星期五除了上课之外，要把早自习和放学回家以后的时间安排好。早自习可以安排背诵、记忆基础知识、预习等内容，放学回家后主要是复习、做作业和预习，应该有玩的时间和劳动的时间。

周六和周日应安排小结性复习、做作业、劳动、文体活动以及参加课外兴趣活动。内容不可排得太满，否则影响效果。

寒暑假时间较长，除了完成假期作业之外，要安排较多的课外阅读和较多的文体活动。有的学龄儿童学习吃力，应利用假期补习一两门功课。

2.计划的要求

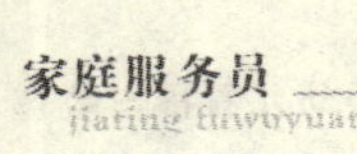

制订计划要发挥学龄儿童积极性，家长或家庭服务员不能代替，应该提出指导性意见。督促学龄儿童严格执行计划，不能订完计划放在一边。计划可以调整，不可放弃。

(二)专时专用、讲求效益的习惯

不少学龄儿童，学习“磨”得很，看书、做作业心不在焉，时间耗得很多，效益却不好，其原因就是没有形成专时专用、讲求效益的习惯。

学龄儿童学习，应该速度、质量并重，在规定时间内，按要求完成一定数量的任务。这既要讲清道理，更需要认真训练。

由于学龄儿童年龄不同、个性不一，每次能够集中脑力的时间长短不一样，所以要从实际出发提出要求，比如小学一二年级的学龄儿童，每次学习时间以20分钟左右为宜，以后逐渐延长。开始时，学龄儿童往往不会掌握时间，家长或家庭服务员要指导他，该学时学，该玩时玩。可以教学龄儿童上好闹钟，按定好的时间作息。最重要的是教学龄儿童给自己提出学习内容的数量和质量要求，一旦坐到书桌前，就进入适度紧张的学习状态。每次学习之后，要评价自己做得如何，家长及时给以鼓励。坚持下去，就能形成专时专用的习惯。

(三)独立钻研、务求甚解的习惯

学习，最忌讳一知半解、浅尝辄止。要想学习好，必须养成独立钻研、务求甚解的习惯。怎样培养这方面的习惯呢?

方法之一：鼓励学龄儿童刨根问底的积极性。在日常生活中，学龄儿童对许多事总爱刨根问底，这是好奇、求知的表现，说明学龄儿童爱动脑子。你切切不可嫌其嘴贫，冷漠对待。最好跟他/她一块儿刨根问底，能解决的自己解决，不能解决的请教他人或者查阅资料。

方法之二：指导学龄儿童在学习过程中，多问自己几个“为什么”。由于学习任务多，学龄儿童往往满足于知识是什么就过去了，很少多问几个“为什么”。你不妨教给学龄儿童每天学习之后，给自己提一个、两个“为什么”的问题，动脑筋去思考，想出合理的答案。

方法之三：鼓励学龄儿童一题多解。老师留的作业，常常不止一种答案、一种解法。学龄儿童在完成作业时，往往只写一种。你可以引导学龄儿童想一想，还有没有别的答案、别的方法。时间允许的话，可以写在另外的纸上或本上。

（四）查阅工具书和资料的习惯

工具书和资料是不会说话的老师，在学习中，会使用工具书和资料好处很多。除了一般的字典、词典之外，各门学科都有专门的工具书。你要指导学龄儿童多利用工具书，自己应给学龄儿童做榜样，遇到生字、生词，请教不会说话的老师。还可以跟学龄儿童进行查字典、词典比赛。

（五）善于请教的习惯

善于请教是一种好习惯。善于请教的前提是善于思想、善于提出问题。你要指导学龄儿童随时把学习中遇到的问题记录下来，以便向老师请教，向同学请教。向别人提出的问题，应该是自己通过努力没有解决的。提问题要讲质量，翻开书本就能解决的，最好自己解决。有些疑难问题，如果自己有尝试性答案，带着答案去请教，会收获更大。

三、帮助学龄儿童克服紧张情绪

快乐的童年，有助于培养学龄儿童奋发向上的精神；宽广的心胸，有益于他们体验美好的人生。家庭服务员应多营造欢快的家庭气氛，为学龄儿童提供成功的机会，并与学龄儿童分享成功的喜悦、助人的乐趣。当学龄儿童的某些欲望得不到满足或受到某些挫折时，容易产生紧张情绪，若不及时帮助其消除，紧张就会转变为焦虑。学龄初期儿童焦虑过多，就会影响其正常的学习和生活，抑制其智能的发展。如果能及时发现，且注意引导，建立恰当的、有助于克服紧张情绪的追求目标，鼓励学龄儿童接受挑战、失败了再尝试，这样，紧张就可望克服，焦虑不致产生，儿童还有可能获得由失败再到成功的体验。

四、鼓励学龄儿童生活自理，参加力所能及的劳动

有些父母过分宠爱学龄儿童，不但对教育学龄儿童无益，还有可能使其无法具备学龄初期儿童应有的独立生活能力，甚至养成好逸恶劳的习性。因此，家庭服务员要积极向雇主提议并支持学龄儿童参与力所能及的劳动，承担一定的义务和责任，这也有助于他们学习处理各种问题的方法，锻炼他们的思考能力，还能有利于他们心智的健全发展，逐步形成精明的头脑和较强的生活自理能力。

本章习题：

1．婴幼儿膳食调配的基本原则是什么？

2．简述冲调奶粉的基本步骤和注意事项。

3．给婴儿喂奶时应注意观察哪些事项？

4．怎样给奶瓶消毒？

5．婴儿辅食添加的原则是什么？

6．如何给婴儿脱衣服？

7．简述婴幼儿大小便的规律。

8．婴儿大小便了该怎么办？

9．怎样训练婴儿大小便？

10．如果孩子哭声不停该怎么办？

11．如果发现孩子没有食欲该怎么办？

12．如果发现小孩鼻出血该怎么办？

13．小孩出牙该怎么护理？

14．怎样给小孩晒太阳？

15．怎样培养小孩形成良好的学习习惯？

第五章

家庭护理

本章学习目标：

1．了解老人食谱的制作原则，掌握辅助老人进食的方法。

2．对老人日常起居（沐浴、口腔护理、梳头、陪伴就医、照顾服药等）进行照料。

3．能从容应对老人一些常见突发情况。

4．掌握孕妇、产妇照顾的一些基本常识。

第一节　老人护理

一、老人饮食护理

(一)老年人的合理饮食指南

因为老年人消化功能降低，心血管系统及其他器官上都有不同程度的变化，因此对老年人的饮食应有特殊的要求。为保持身体健康，应注意以下十个方面。

老年人饮食“十要”

序号	要点	原由及应对方法
1	饭菜要香	老年人味觉、食欲较差，吃东西常觉得缺滋少味。因此，为老年人做饭菜要注意色、香、味
2	质量要好	老年人体内代谢以分解代谢为主，需用较多的蛋白质来补偿组织蛋白的消耗。如多吃些鸡肉、鱼肉、兔肉、羊肉、牛肉、瘦猪肉以及豆类制品，这些食品所含蛋白质均属优质蛋白，营养丰富，容易消化
3	数量要少	研究表明，过分饱食对健康有害，老年人每餐应以八九分饱为宜，尤其是晚餐
4	蔬菜要多	新鲜蔬菜是老年人健康的朋友，它不仅含有丰富的维生素C和矿物质，还有较多的纤维素，对保护心血管和防癌、防便秘有重要作用，每天的蔬菜摄入量应不少于250克
5	食物要杂	蛋白质、脂肪、糖、维生素、矿物质和水是人体所必需的六大营养素，这些营养素广泛存在于各种食物中。为平衡吸收营养，保持身体健康，各种食物都要吃一点，如有可能，每天的主副食品应保持十种左右
6	菜肴要淡	有些老年人口重，殊不知，盐吃多了会给心脏、肾脏增加负担，易引起血压增高。为了健康，老年人一般每天吃盐应以6~8克为宜
7	饭菜要烂	老年人牙齿常有松动和脱落，咀嚼肌变弱，消化液和消化酶分泌量减少，胃肠消化功能降低。因此，饭菜要做得软一些、烂一些

（续表）

序号	要点	原由及应对方法
8	水果要吃	各种水果含有丰富的水溶性维生素和金属微量元素，这些营养成分对于维持体液的酸碱度平衡有很大的作用。为保持健康，每餐饭后应吃些水果
9	饮食要热	老年人对寒冷的抵抗力差，如吃冷食可引起胃壁血管收缩，供血减少，并反射性地引起其他内脏血循环量减少，不利于健康。因此，老年人的饮食应稍热一些，以适口进食为宜
10	吃时要慢	有些老年人习惯于吃快食，不完全咀嚼便吞咽下去，久而久之对健康不利。应细嚼慢咽，以减轻胃肠负担，促进消化。另外，吃得慢些也容易产生饱腹感，防止进食过多，影响身体健康

（二）制定老年人食谱的原则

依据上面老年人饮食的要求，家庭服务人员在制定老年人食谱时应把握好以下三个原则。

1．合理搭配原则

三餐食谱中最好干稀搭配、粗细搭配和荤素搭配。如主食包子、副食豆浆，主食米饭、副食一荤一素，主食馒头、副食炒菜等。

2．清淡易消化原则

老年人食物尽量少荤、少盐；烹饪多用蒸、炖，少用煎、炸。如主食花卷、副食稀饭，主食米饭、副食清蒸鱼和蔬菜，主食馒头、副食土豆炖牛肉等。

3．少食多餐原则

因为老年人的消化能力减弱，肝脏合成糖元的能力下降，糖元的储备减少，容易感到饥饿，所以，老年人应采取少食多餐的办法。一般在一日三餐的基础上，可用点心或者水果来代替三餐以外的食物。

60岁老年人一日食谱举例

对象：60岁男性，轻体力劳动者。

以下食谱供能量2 000千卡，蛋白质71克，其他营养素基本符合老年人要求。

早餐：馒头(标准粉40克)，牛奶卧鸡蛋(牛奶250克、鸡蛋40克)。

午餐：烙春饼(标准粉70克)，炒合菜(猪肉25克，绿豆芽100克，菠菜100克，韭菜20克，粉条20克，植物油10克，酱油、盐适量)，红豆小米粥(小米35克，红豆15克)。

晚餐：米饭(粳米150克)，香菇烧小白菜(小白菜200克，香菇10克，植物油15克，高汤、葱、姜、料酒、盐适量)，炒胡萝卜丝(肥瘦猪肉10克，胡萝卜50克，冬笋50克，植物油5克，姜、酱油、盐适量)，菠菜紫菜汤(菠菜50克，紫菜10克，鸡汤、料酒、味精、盐适量)。

晚点：橘子50克。

70岁老人一日食谱举例

对象：70岁男性，极轻体力劳动者。

本食谱供能量1 800千卡，蛋白质65克，其他营养素符合老年人需要。

早餐：花卷(标准粉50克)，牛奶(牛奶200克)。

午餐：发面饼(标准粉150克)，肉丝炒韭黄(猪肉丝25克，韭黄120克，植物油8克)，虾皮三丝(虾皮10克，菠菜50克，土豆70克，胡萝卜80克，植物油5克)，海蛎汤(海蛎肉10克，高汤300毫升，香菜少许)。

晚餐：米饭(大米100克)，葱椒带鱼(带鱼75克，葱、姜、花椒、醋、白糖适量，植物油6克)，小白菜口蘑汤(小白菜70克，干口蘑10克，粉条20克，油1克，汤300毫升)。

晚点：橘子50克。

(三) 辅助老人进食

由于老年人的消化吸收能力较弱，所以，老年人的进食过程跟年轻人不一样，家庭服务人员有必要辅助老人进食。

(1) 保证老人按时进食。根据老人的生活习惯，规定老人的三餐和加餐的时间，提醒老人按时吃饭。注意：晚餐要早一点吃。

(2) 提醒老人进食要慢，同时进食量要少，避免噎食。

(3) 保证食物要热。老年人对寒冷的抵抗力差，如果吃冷食即可引起胃壁血管

收缩，供血减少，并反射性地引发其他内脏血循环量减少，不利于健康。

(4)保证食物洁净。老年人原本体弱多病，食用不洁净的膳食可能会引起多种胃肠道疾病，尤其是进食腐败变质的有毒食物，还可出现中毒昏迷甚至死亡。

二、晨、晚间护理

(一)晨间护理的目的和内容

晨间护理的内容主要是全身清洁卫生的护理，目的是使老人舒适、卫生、清洁。具体的方法和步骤可按照如下：

协助排便→口腔护理→洗脸、洗手→翻身、检查全身皮肤并清洁、按摩→梳头→整理床单→通风。

(二)晚间护理的目的和内容

晚间护理是在晚饭后、老人入睡前所进行的清洁卫生护理，目的是为老人创造良好的睡眠条件，使其清洁、舒适，易于入睡。主要内容有：漱口、洗脸、洗手、擦洗背部和臀部，用热水泡脚，为女病人冲洗外阴部，改善睡眠的环境等。

(三)注意事项

(1)给老人洗漱、冲洗会阴的水温不能过高，以35℃为宜。

(2)给女性冲洗会阴时，应在臀下垫好便盆，自上而下冲洗，最后冲洗肛门。

(3)室温应适宜，以24℃为宜，老人睡眠时关好门窗，避免对流风。

三、辅助沐浴

(一)沐浴方法

沐浴技术有床上擦浴和淋浴、盆浴等，要根据老人的活动能力及体质状况，选用恰当的方法。

1.床上擦浴

调节室温(24℃)，关好门窗→准备用物(浴巾、毛巾、肥皂、换洗衣服、50～60℃热水等)→暴露擦洗部位→按顺序擦洗(眼、鼻、耳、脸、手臂、腋下、胸部、乳房、腹部、背部、臀部、腿部、会阴部和脚部)→换上干净衣服。

2. 淋浴和盆浴

准备好淋浴或盆浴用品，调节室温、水温。

（二）辅助沐浴注意事项

(1)给老人沐浴前必须先调节好室温，以24℃为宜，关好门窗，避免对流风。

(2)为老人擦浴时操作顺序应合理，应充分考虑到卫生的需要。

(3)注意水温不宜过高或过低，擦浴水温以50～60℃为宜，淋浴或盆浴水温以35℃为宜(体质弱者，水温可适当老些，但水温不能超过40℃)。

(4)擦洗时要注意观察老人皮肤有无异常，骨突处因承担体重受压大，擦洗后应用50%酒精或红花酒精按摩，并保持皮肤干燥。

(5)老人自行淋浴或盆浴者，要交代其进入浴室后不要闩门，以便在其发生意外时可及时进入，如情况允许，可与老人一同进入浴室，以保证老人的安全。

(6)老人沐浴时要注意“五忌”：忌水温偏高，忌空腹洗澡，忌餐后即洗澡，忌每天洗澡，忌洗燥时突然蹲下或站立。

四、口腔护理

（一）口腔护理的目的

维护口腔清洁，避免因微生物的繁殖而引起口腔疾病。

（二）护理步骤

护理内容包括：清洁牙齿、牙龈、上颚、舌、双颊等上腔黏膜。

护理步骤如下：

准备用物→取假牙→漱口→刷牙→漱口。

准备用物，如牙刷、毛巾、漱口杯、漱口水、脸盆。在给高热、昏迷、危重、禁食等生活不能自理的病人做口腔护理前，应准备好必要物品，如淡盐水、棉球、小镊子、压舌板、纱布、弯止血钳、弯盘(也可用口杯)、石蜡油等。

刷牙要纵向刷，自牙龈到牙冠、颊部、牙齿的内外啮合面、舌面、上颚。

（三）给昏迷老人口腔护理时的注意事项

(1)采取平卧位，头偏一侧，颈下垫毛巾。

(2)每次只能用一个棉球，棉球不能太湿，防止将溶液吸入呼吸道。

(3)动作要轻柔，勿损伤口腔黏膜，勿触及上颚与咽部，以免引起恶心。

(4)注意不要将棉球或纱布丢在病人口腔内。

(5)对凝血功能差的病人，尤要防止碰伤黏膜及牙跟。

五、头发护理

经常梳洗头发，可将头皮屑及尘埃除去，使头发清洁、光亮。经常梳洗头发并按摩头部，可促进血液循环，增进上皮细胞的营养，增加美感和舒适感。对长期卧床的病人，可在床上为病人梳洗头发。

长期卧床者以每周洗头一次为宜。具体方法如下：

仰面斜卧位→垫枕头和塑料布→将衣领向内折卷→用棉球塞耳朵，小毛巾遮眼→松散头发，洗发→冲净泡沫，擦干→取下用物→穿衣→整理用物。

六、照顾老人休息

(一)老年人睡眠的特点

要照顾好老人的休息，家庭服务人员首先应了解老年人的睡眠特点。

(1)容易惊醒，醒后难以再入睡。

(2)刚睡时很疲倦，但只睡着不到1小时就醒了。

(3)看电视容易打瞌睡，可是上床又不能入睡。

(4)早上4点钟可能就醒了，夜间很容易醒。

(二)照顾好老人睡眠的方法

1.保证老人的休息环境

老人的休息环境应保持清洁、安静、空气流通，家庭服务人员要及时整理老人的房间，保证温度适中、通风好等。具体要求如下页表。

2.保证睡眠充足

(1)根据老人的睡眠习惯，调整作息时间，保证每天有6小时睡眠和1小时午睡。

(2)提醒老人睡前不要喝咖啡、浓茶，可稍进点心和热牛奶，冬天热水泡脚，以助入眠。

(3)提醒老人注意正确的睡姿。最好头朝东睡，仰卧有助于健康。

保证老人休息环境的要点

序号	环境要素	指标要求
1	温度	室内温度以 18～20℃为宜，夏天可相对高些（22～24℃），以缩小室内外温差
2	湿度	家庭室内最佳湿度应该是50%～60%。适宜的湿度，可使人感到清爽、舒适。为了增加室内的空气湿度，可使用空气加湿器，也可通过在地上洒水、暖气上放水槽或放湿毛巾等来增加湿度
3	通风	新鲜的空气对老年患者尤为重要。晨起，开窗通风，可排出室内废气，让新鲜空气补充进来。一般居室开窗 20～30 分钟，室内空气即可更新一遍。对身体较弱的老人，通风时可暂到其他房间，避开冷空气的刺激，这样既可保持室内空气新鲜，又不至受凉感冒
4	噪声	一般老人喜静，对有心脏病的老人，安静则是一种治疗手段，家庭中创造一个宁静、幽雅的环境，利于老人的休养
5	采光	老人居住的房间，最好是采光比较好的居室，室内阳光照射对老人尤为重要。如果打开玻璃窗让阳光直接照射室内，阳光中的紫外线还有消毒、杀菌的作用
6	床	老人应选用硬床，以睡在床上床垫不下陷为好。床的高度应在膝盖下，与小腿长度相等，过高过低都会使老人感到不便，增加摔倒的可能

七、陪伴老人进行户外活动

老年人为了强身健体经常要进行户外活动和健身。家庭服务员陪伴老人进行户外活动的首要任务就是保证老人的安全。

(一)准备工作

(1)掌握当日天气情况，并根据天气情况准备必要的物品，同时要合理安排时间，避免时间太长。

(2)依据活动内容准备用品。如练剑，家庭服务员要为老人准备好剑、手套、毛巾等物品。

(3)如果老人要骑自行车，家庭服务员要将自行车搬到楼下，并将自行车擦拭干净。

(4)如果老人需乘坐公交车外出，家庭服务员要为其准备好零钱、老年证或公交卡等。

(5)为老人准备好运动鞋，鞋底以富弹性而不滑为佳。

(6)对有心、脑血管疾病的老人，外出时应带上心脏病保健药盒和相关的药物。

(二)陪伴活动

一般情况下老人进行户外活动多选择慢跑、散步、舞剑、体操等，较肥胖的老人比较适宜选择低强度、低能量、消耗型的运动项目，如快走、慢走、健身操、郊游、骑自行车等。

(1)老人在活动时，家庭服务员要根据需要适当搀扶老人，帮助其开展活动前热身，如活动手臂关节、腰部、踝关节等。

(2)老人在活动时，家庭服务员要陪伴在其左右，并根据需要陪同老人一起活动，也可帮助拿些物品。

(3)老人运动后，如有出汗，家庭服务员应用干毛巾帮助老人擦干身上的汗水，并及时帮其穿好御寒衣服。

(三)运动安全注意事项

(1)要合理安排户外活动的时间，但要避免时间太长。

(2)要掌握天气情况，雨雪天、雾天、大风寒冷天气、酷热难耐时最好不做户外运动。

(3)对有高血压、心脏病、糖尿病等健康问题者，应请专业物理治疗师指导运动方法、运动强度及注意事项。运动时应带心脏病保健药盒和相关的药物。

(4)家庭服务员若陪同老人外出，应依老人的心态与其闲谈，以保持老人心情舒畅，同时要密切关注老人的运动安全。

(5)运动的强度及时间要依个人的体能慢慢地增加，不要搞疲劳战术，不可勉强从事剧烈运动。平时锻炼少的人，心肺、关节等功能都必须有一个适应过程，

急功近利其效果只能适得其反。运动贵在坚持，老年人每周要保持至少3～5次运动，每次30分钟左右。

(6)运动场地要平整，安全设施要良好。运动前要有10分钟左右的暖身运动，运动后也要有数分钟的缓和运动。运动前或运动中如有头晕、胸痛、心悸、脸色苍白、盗汗等情形时，应立即舒缓停止运动。饭前、饭后1小时内不宜运动。老人如能够争取结伴或集体运动安全最有保障。

(7)不要起得太早。因为心肌梗塞、缺血、心律紊乱等疾病是老年人的常见疾病，且早晨为其高发期，若为了锻炼起得太早，会诱发意外情况发生，甚至引发突然死亡。

(8)不要空腹锻炼，应准备食物和水，让老人在早晨开始锻炼前半小时吃些食物和喝杯开水为好。

(9)提醒老人不要骤然停止运动，运动后应继续做些缓慢的放松活动。

八、陪伴老人就医

老年人多体弱多病，经常需要到医院看病或从事健康检查等，因此需要家庭服务员陪伴就医。

(一)准备工作

(1)要了解当日的天气情况，并根据天气情况准备必要的路途用品，如雨伞、拐杖、太阳帽、衣物等用品。对心脑血管病患者应带上心脏病保健药盒及相关的应急药物。

(2)要带好疾病诊疗本、检查报告单或病历等，还要带好医疗证或保健卡和医院的挂号证，以及合适的费用。

(3)家中如无人值守，外出前要仔细检查煤、水、电开关是否关好，门窗是否锁好，要确保无火源。不能因外出时间短而忽略上述安全检查。

(二)陪伴就医

(1)行走要平稳，切不要匆匆忙忙，如老人行动不便要给予搀扶。

(2)乘坐公共交通工具时，尤其是乘坐公交车时，上下车必须搀扶着老人，上车后要将老人安排坐好或让其扶好站稳，或请同车的乘客帮忙搀扶，再去购买车

票。

(3)到达医院后，先安排老人坐稳休息，再去挂号。如老人有意识障碍，则待老人休息好后，搀扶着老人一起去挂号，以防止在去挂号期间老人发生意外。

(4)就诊时一般先由老人自己主诉，如老人出现遗忘，应协助老人诉说病情，告知医生老人近日的饮食、睡眠、用药等情况。

(5)医生诊疗过程中要认真记录医嘱，如注意事项、用药剂量、用药时间、饮食要求、复诊时间等。

(6)诊治结束后让老人坐好休息，再去划价、交费和取药，如果需要住院或有一些特殊情况的医嘱，应尽快通知家人。

（三）陪伴就医注意事项

(1)注意行走路线及沿途标志和方向，避免迷路。

(2)老人如存在意识障碍，家庭服务员必须保证不会离开老人就诊的全过程，以保证老人不会迷失。

(3)就诊时必须牢记医生的医嘱，最好将医嘱逐条写在纸上，避免遗漏。如需住院治疗要先行通知老人家属。

九、照顾老人服药

老年人由于各组织器官逐渐衰退，抗病能力下降，疾病出现的机会相对增多，服药的机会也就较多。因此，照顾老人吃药也是家庭服务人员的一项日常护理工作，具体的注意事项如下。

（一）遵照医嘱，安排老人按时吃药

将老人每日应服的药按时间排好，然后按时提醒老人服用。

（二）密切注意药物的副作用

(1)老人服药后可能出现的副作用会比年轻人增多，因此在就诊时应向医生说明以往病史，如听力差、青光眼、糖尿病等，避免医生用药不当。

(2)在老人服药期间应密切关注老人的症状，若出现药物反应，及时采取措施或送往医院。

(三)控制安眠药的服用

有的老人患有失眠症，常服用安眠药辅助自己睡眠，这对身体健康没有好处。安眠药会引起不同程度的精神不适，不能无限期地使用，更不能任意增加剂量。家庭服务人员应针对老人的失眠原因，采取相应的治疗措施，控制老人服用安眠药。

(四)慎用滋补药

目前市场上的滋补药种类繁多，应用广泛，但这类药物不能代替日常食物和体育锻炼。因此，家庭服务员应提醒老人科学锻炼，合理饮食，讲究食物质量和合理调配，而不要完全依赖保健药和滋补药品。

(五)给老人配备“保健盒”

(1)对于患有冠心病的老人，应在其衣袋内装一个保健盒，盒内备一些治疗心绞痛的常用药物，以便老人在外出时预防和治疗心绞痛的发作。

(2)家庭服务员应让老人明白盒内药物的使用方法和作用，以免发生意外时误服。

(3)保健盒放在口袋内，由于体温的作用，易使药物变质失效，要依气温的不同，每3～6个月更换一次盒中药品。

十、老人突发情况的应对(高级)

(一)突然中风

中风，又称脑中风或脑卒中，是老年人常见的一种致残和死亡率较高的急性脑血管疾病。它包括脑出血、脑栓塞、蛛网膜下腔出血等。

> **提醒您：**
>
> 预防并发症。如果病人神志不清，不能给病人喂食或喝水，防止进入气管造成窒息或吸入性肺炎。

1.中风的特点

(1)猝然昏倒，不省人事或突然嘴歪眼斜，半身不遂，舌头发硬，语言不流利等。

(2)来势凶猛，病情危重，严重危害老年人的生命。

2.应对措施

（1）绝对卧床。当老人突然摔倒时，应将老人轻轻扶起放在床上，平卧，不用枕头，头偏向一侧。松开领扣，卸除假牙，清除呼吸道内的分泌物，保持安静。

（2）及时与医院联系。一旦发生老人中风，应立即打电话给急救中心“120”或距离最近医院的急救电话，最好能就地抢救，不搬动老人，以防加重脑出血。

（二）突发心肌梗塞

1.心肌梗塞的主要临床表现

心肌梗塞是由于长久而严重的心肌缺血而引起的部分心肌坏死。其表现为：

（1）胸痛，表现为胸骨后压榨性疼痛，持续时间长，经休息或硝酸甘油并不能缓解，同时伴大汗、烦躁不安等情绪改变。

（2）少数病人无疼痛，仅出现面色苍白或青色，皮肤湿冷，脉搏细速，血压下降，尿量减少，反应迟钝甚至昏迷。

（3）发病后1～2周内多发生心律失常，发病24小时内发生率最高，也最危险，是心肌梗塞致死原因之一。

2.应对措施

（1）让病人安静。让病人躺下，不做任何活动，不搬动病人。尽快与医院或急救中心联系，并设法让病人安静。

（2）缓解症状。舌下含服硝酸甘油药物。

（3）积极抢救生命。密切观察病人的病情变化。

3.心肌梗塞病人出院后应注意事项

（1）做到饮食清淡、新鲜，避免甜食、咸食、过辣，多食低脂肪、富含维生素的食品，不宜饱食。

（2）运动应适度，禁止过度劳累，可进行打太极拳、散步、轻体力的家务劳动等。

（3）戒除不良嗜好，如吸烟、嗜酒、赌博以及饮用含咖啡因的饮料等。

（4）定期到专科门诊复查，按医嘱坚持长期的治疗，随身要常备硝酸甘油等扩冠状动脉药物。

（5）保持健康的心理状态，勿大喜大忧，保持稳定的情绪。

十一、老人心理护理(高级)

随着年龄的增长、退休、丧偶等一些事件的发生，老年人在生理(身体)上发生了一系列的变化，同样的在心理上也会产生一些改变，消极情绪增加，性格也会发生变化。家庭服务员应该了解老年人在心理上产生的这些变化，并对这些变化能采取措施。

(一)老年人常见的心理问题

1.失落感

人随着年龄的增长，年事高，阅历多，由此产生一种尊严。但是退休后老年人由于与社会联系少，经济收入减少，社会地位改变等，便产生一种失落感。经常可以听见老年人说“老糊涂了，不中用了”等。

2.孤独感

退休后由于生活范围的缩小，子女与其分居，身体状况欠佳而活动减少，尤其是丧偶会使老年人感到更加孤独无助，产生一种被抛弃，被冷落的感觉。

3.隔绝感

老年人随着社会活动的减少，接受的信息也减少，而由于感知觉(嗅觉等感觉)功能的减退，视、听方面反应也迟钝，很多老年人将自己封闭起来，活动也下降到最低水平，对外界持一种冷漠的态度。

4.对衰老和疾病的忧虑和恐惧感

进入老年后，很多人都担心疾病的到来，对自己的健康表现出信心下降，同时也会考虑很多关于生病后的问题，比如，生病后的经济谁负担，生活上的不方便由谁来照顾，是不是生病后就会死亡，等等。

(二)老年人常见心理问题的护理

在心里护理中最重要的是沟通，沟通时要注意：

(1)沟通的态度要真诚、友善，要有礼貌，并以老人习惯或喜欢的方式进行，使老年人感到真诚、关注和尊重。

(2)倾听老人诉说要专心、耐心，倾听时不要东张西望，心不在焉。

(3)与老人说话语句要简短、扼要，言语要清晰、温和，措辞要准确，语调要平和，声音不要太高。

(4)谈话时要保持面对老人，以便相互之间能看到对方的面部表情，以增强沟

通的效果。

(5)向老人询问时，要把问题说得简单、清楚。

(6)与老人交谈中要不断核实自己是否准确理解了老人表达的意思，如果没听清楚老人的话，可请老人再说一遍。

(7)当老人心情不好、生病或感到害怕、恐惧时，家庭服务员应陪伴老人并适当地运用触摸以缓解老人的情绪，如握着老人的手等，但注意不要抚摸老人的头，因为它可能触犯老人的尊严。

(8)及时用点头、微笑或语言向老人反馈自己的感受，同时也要学习适当地接受来自老人的触摸。

(9)不要在老人能看见的地方与其亲友或工作人员窃窃私语，以免使老人误解而引发矛盾。

(10)与老人谈话要以与成年人同样的平等方式，不可像对待小孩子一样与老年人沟通，否则会使老人的自尊心受到伤害。

(11)如老人表达出的意见不正确时，不可立即反驳、纠正或与老人争论，以免使老人困窘和不满。

(12)在沟通中若遇老人一时回想不起来的语句，家庭服务员可适当向老人提示。

第二节　孕妇护理

一、照料孕妇洗澡

(一)注意水的温度

在为孕妇放洗澡水的时候，要注意掌握其温度在37℃以下。因为过高的温度会损害胎儿的中枢神经系统。

(二)时间不宜过长

(1)在照料孕妇进行热水浴时，每次的时间应控制在20分钟以内为佳。

(2)如果孕妇出现头昏、眼花、乏力、胸闷等症状，应立即停止洗浴，适当休息。

(三)应该采取立位

提醒孕妇采取立位洗澡，不要坐浴，避免热水浸没腹部。如果坐浴，水中的细菌、病毒极易随之进入阴道、子宫，导致阴道炎、输卵管炎等，或引起尿路感染，使孕妇出现畏寒、高热、腹痛等症状，这样势必增加孕期用药的机会，也容易留下畸胎或早产的隐患。

(四)注意防滑

在浴室里最要注意的是不要滑倒。在浴缸里一定要垫上一块防滑垫，浴室的地板如果不是防滑的，也一定要垫上垫子才行。

二、陪孕妇安全出行

孕妇的安全在整个孕育期间都是最重要的安全问题之一，因为直接关系到婴儿宝宝和准妈妈两个人的健康，下面就简单列举一些日常生活中看似简单、实际却很重要的注意事项。

(一)陪孕妇徒步行走

徒步行走对孕妇很有益，它可以增强腿部肌肉的紧张度，预防静脉曲张，并增强腹腔肌肉。家庭服务员在陪孕妇徒步行走时要注意以下事项：

(1)散步前为其选择舒适的鞋，以低跟、掌面宽松为好。

(2)选择环境比较好的公园散步。如果没有条件在公园里散步，应选择交通状况不太紧张的街道，以避免过多吸入有污染的汽车尾气。

(3)提醒孕妇走路的姿势，身体要注意保持正直，双肩放松。

(4)观察孕妇是否疲劳。如果孕妇疲劳了，要建议其马上停下来，就近坐下歇息5～10分钟。

陪孕妇乘坐车

需要陪孕妇坐车进行长途旅行，则要注意：

乘坐无轨电车、公共汽车和地铁，要为孕妇找个座位，因为急刹车会让人衡和摔倒。

(2)在火车上建议孕妇站起来在车厢里走动走动，便于血液循环。

(3)要等车完全停稳后才能下车。

(4)若坐小轿车，则要挑选最舒适的座位，背靠沙发座或者躺下；如果孕妇感到累了，就把车停下来揉揉腿脚。

第三节　产妇护理

一、注意营养调护

产妇产后面临两大任务，一是产妇本身身体的恢复，二是哺乳婴儿。这两个方面均需要营养，因此饮食营养对产妇非常重要。合理的饮食搭配对产妇及新生儿都是大有裨益的。在给产妇准备饮食时应注意以下几点：

(一)少吃多餐

考虑到产妇自身及哺乳新生儿的需要，在一日三餐的正常饮食外，可在二餐之间附加2～3次的辅助餐，可以少吃多餐。除了夏季补水的需要，产妇能多产奶也需要汤水的作用，所以可以给产妇多喝点汤水，但注意不要食用冷饮等冰冻食物，及服用麦乳精等抑乳的食物。

(二)荤素搭配

一般而言，在月子里除了过油、过咸、过酸、过冷及辛辣刺激性的食物不可食用外，没有忌讳，比如稀饭、面条、新鲜水果蔬菜、各种营养汤等，既可以益气又可以产奶。另外，红糖水在月子里也是不错的食物，可以帮助恶露的排出。

要注意的是，在煮食时蒜和花椒要少用，因为有回乳的坏处。

(三) 软硬适宜

有许多产妇的牙齿在怀孕期间有松动的现象，所以给产妇吃的食物要煮得一点，汤汤水水多一点，要尽可能避免吃油炸或烟熏或腌制的食物，烧制方法还是以煮、炖、炒等保持新鲜的做法为主，这样可以保证食物的营养不被破坏，有利于肠道的消化吸收。

二、产妇的日常生活照料

产褥期的产妇身体非常虚弱，各项身体机能还未能恢复，需要细心照料。但并不是只要让产妇吃好喝好就而可以了，这其中还是有许多细节需要注意的。

(一) 做好产妇的个人清洁卫生工作

(1)提醒产妇勤换内衣、床单，勤洗澡。提醒产妇不应盆浴，以免因子宫还未完全恢复，宫口还未关闭时污水进入产道而引起生殖器官感染，甚至形成慢性炎症。

(2)产妇产后身体比较虚弱，容易感冒，可先用温水擦澡，这时需帮助产妇擦澡。

(3)勤洗产妇换下的衣服。

(4)协助产妇每日早、晚两次刷牙之外，每次进餐后都应刷牙，至少需要漱口。此外，洗脸、梳头也应与正常人一样。

(5)提醒产妇大小便后应用温清水洗外阴。

(二) 协助产妇做好产后恢复工作

(1)提醒产妇提早下地活动，活动时要进行搀扶和照顾，以免产妇身体虚摔倒。

(2)提醒产妇活动要适当，避免站立过久，尽量少取蹲位，否则可能发生子宫下垂。

(3)照看好婴儿，让产妇尽量少操心。

本章习题：

1.老人饮食要注意哪十个方面？

2.如何制定老人食谱？

3.老人早、晚间护理的内容有哪些？

4.怎样给昏迷的老人进行口腔护理？

5.老人进行户外活动时，家庭服务员要注意哪些事项？

6.如何陪伴老人就医？

7.若发现老人突然中风，该怎么办？

8.如何对老人进行心理护理？

9.怎样陪孕妇安全出行？

10.如何对产妇进行日常生活照料？